U0214962

趣味
天文学
系列丛书

Constellations
and
the
Book
of
changes

星 座 和
《易经》

姚建明 编著

清华大学出版社
北 京

内 容 简 介

本书系统地分析了星座文化的属性和它的趣味性，以及为什么许多人知道它并不科学但却仍然喜欢它。对于《易经》则结合"四书五经"和《黄帝内经》的内容，阐述它们所代表的华夏精神的内涵。也粗浅地介绍一下《易经》，重点是表述出这些民族经典中所包含的天文学意义。

本（套）书面向所有爱好读书、爱好天文学的读者。

图书在版编目（CIP）数据

星座和《易经》/ 姚建明编著. — 北京：清华大学出版社，2019
（趣味天文学系列丛书）
ISBN 978-7-302-51944-7

Ⅰ. ①星… Ⅱ. ①姚… Ⅲ. ①星座—普及读物 Ⅳ. ①P151—49

中国版本图书馆CIP数据核字（2018）第295762号

责任编辑：朱红莲
封面设计：傅瑞学
责任校对：王淑云
责任印制：杨 艳

出版发行：清华大学出版社
　　　　网　　　址：http://www.tup.com.cn, http://www.wqbook.com
　　　　地　　　址：北京清华大学学研大厦A座　　邮　　编：100084
　　　　社　总　机：010-62770175　　　　　　　　邮　　购：010-62786544
　　　　投稿与读者服务：010-62776969, c-service@tup.tsinghua.edu.cn
　　　　质量反馈：010-62772015, zhiliang@tup.tsinghua.edu.cn
印　装　者：北京密云胶印厂
经　　销：全国新华书店
开　　本：148mm×210mm　　印　　张：4.75　　字　　数：117千字
版　　次：2019年4月第1版　　印　　次：2019年4月第1次印刷
定　　价：29.00元

产品编号：079564-01

丛书总序

　　先和读者讲一段作者的亲身经历吧。是这样的，大家遇到初次见面的朋友，会相互寒暄，一般都要问问对方的工作情况吧。轮到朋友问我时，我会告诉他们："我是大学老师。"接下来，至少已经有3位初次见面的朋友接着问我："教体育的吧？"等后来和他们熟了，我就问他们了："凭什么认为我就是教体育的呢？"（这里没有轻视的意思，只是想搞明白！）他们会说："呃，你老先生体格那么壮，面孔又那么黑，看着就像教体育的！与你教授的'大学物理''天文知识基础''现代科技概论'等课程，似乎不沾边吧！"

　　为什么和大家说这段经历呢？当然和我们这套丛书有关。2008年出版的《天文知识基础》一书从面世到现在已经是第2版了，马上就要出第3版。从读者的反馈来看，一个最突出的现象就是：读者也好，大众也罢，总是"先入为主"地认为，天文学深奥、难懂、太"高大上"。真的那么难懂吗？我和读者、我的学生们都讨论过这个问题，我问他们："如果我带你们去认星星，一个晚上你认识了二十几颗星星，几个晚上行星、恒星、卫星（包括月亮在内）就分得清楚了，认识到上百颗星星了，你足可以是一位天文爱好者了，是不是就懂得天文学了？"这个问题就与我开始和大家说的经历一样，大家都是"先入为主"，都是在听别人说的，没有亲自去尝试一下。当然，我们一方面为你"宽心"，告诉你学习天文学并不难；另一方面，我们也行动起来，为读者们奉献这套更容易懂、更接地气、内容与你更密切相关的《趣味天文学系列丛书》。写这套丛书就是想让你对天文学更感兴趣，并为此学习一些天

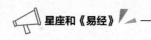

文学知识。

本丛书的名称是"趣味天文学系列丛书"，它是在两个版本的《天文知识基础》出版之后，在读者反馈基础上产生的想法。具体来说，就是我们把那些读者最感兴趣的、社会生活中最实用的天文学知识拿出来，用贴切的语言、灵活的组织形式重新编写成书。利用丛书的形式可以使书的内容更集中、兴趣点更突出。这套丛书，可以说是在天文学知识的基础上，又突破和拓展了许多。

第一册《天与人的对话》在解释了"天"之所以是"老天（爷）"等我国原始的知识基础上，剖析了什么是"天人感应""天人合一"，并分析和介绍了中外"星相学"的知识，同时感受中国古代文明的伟大。

第二册《星座和〈易经〉》是两个极其吸引人，又让人感到迷信、迷茫、深奥的话题。其实，它们并不深奥，"星座"不是科学，只是一种文化，而且只是娱乐性的文化。而《易经》谈论的更多的是中国古代文明的哲学思想，用《易经》算命只是帮助你更清楚地认识自我，辨清形势，并给出一些"合理"的建议。

第三册《天神和人》，希腊神话故事美妙动听、情节跌宕。它最早起源于希腊民间传颂的故事，后经过系统性的整理，加上作家的再创作而得来。中国古代神话人物——女娲、大禹、孙悟空等，也都有很美妙的神话故事，可你有没有察觉到，希腊神话人物与我国神话人物之间的区别。告诉你区别可大了去啦，这本书里会帮你分析。

第四册《星星和我》，看书名就知道是一起去认星星，让你成为"天文爱好者"。不仅如此，我们还像社会上流行的钢琴、古筝、架子鼓评级一样，我们为你"评（星霸）级"。非常简单，按数量评级。比如，你认识了北斗七星，接着认识了北极星，这就八颗星了。夏天一抬头"织女星"就在你的头顶，隔"河"再认识一下"牛郎星"，好啦，这就10颗星了，你就是"星霸初级"了！再加努力，相信一年认下来，达到"10

级"，就认识 100 颗左右的星星啦！

第五册《流星雨和许愿》，相信大家都会很喜欢这本书。那么漂亮、壮观的流星雨，什么时候会出现，怎么去看？这本书都会告诉你。而且，流星出现的时候还可以许愿，把心愿告诉"上天"，把"秘密"通过流星传达给心爱的人。流星雨是很美，地球上、太阳系中还有更美的天象——极光和彗星，我们都会为你详细介绍。

第六册《黑洞和幸运星》，黑洞你一定听说过，但是很少有人真正了解，因为量子力学毕竟只有物理专业大学本科以上的人才能学懂。没关系，我们会用浅显易懂的语言解释黑洞，少讲原理，多注重现象和效果。通过介绍当今宇宙中最"热门"的天体"中子星""脉冲星"来告诉你，它们代表着宇宙的希望和未来，能为宇宙带来新生，为大家带来幸运！

讲了这么多，相信已经"勾引"起你对天文学的兴趣了。读一读这套《趣味天文学系列丛书》吧，你可以选读，更希望你通读。我们一直坚持了我们出版的科普书籍的特点——可读性！介绍知识是起点，开阔视野、拓展知识面是目标。希望这套书能为你丰富多彩的生活添加一份属于天文学的乐趣！

姚建明
2018 年 8 月于浙江舟山台风季

前　言

　　自从 2003 年在学校里为学生开设《天文知识基础》的公选课以来，我认识到星座知识一直是很受关注的。实际上，最早开课时，我的教学计划里是不存在关于"星座"和"外星人（UFO）"的内容的。为什么没有？因为我不相信！

　　如果你相信星座，那你可以做一道简单的算术题：全世界最新的人口统计是 70 亿人左右，黄道星座有十二个，两个数除一下，每个星座差不多有 6 亿人！闭上眼睛想一下——全世界那么多的人和你一样喜欢什么、讨厌什么、适合做一样的工作、适合交一样的朋友？

　　再说外星人。霍金先生说得对，别去找什么外星人（UFO）了，人类找到他们的那一天，就是人类的灭亡之日！为什么？他们从最近距离来也要 4.3 光年，也就是光速飞船也要 4.3 年才能飞到地球来，那他们的能力和技术该高出人类多少倍？

　　可我的学生说：老师您是不相信的，可许多学生还是半信半疑呀。如果您能说服大家都不相信，那您就是我们最敬佩的老师。好吧，为了这一光荣的称号，我开始为学生们讲"星座"，讲"外星人"。这本书里讲"星座"，目的当然也是让大家明白，他们只是兴趣，只是娱乐。我接触的那些学生们实际上也是这样说的：玩玩而已，符合自己就信，不符合就说——这不科学！

　　那《易经》科学吗？算命有什么道理吗？这个我们最好是从文化层面和古人们所处的社会及自然环境去考虑、去认识。我们说科学所

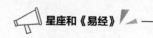

研究的就是大自然和人类社会的存在以及它们的规律。怎样去认识呢？当然要去实践。

《易经》最早产生于人类的远古时代，人们认识自然和社会的手段和方法极其有限，这一点从《易经》本身的演进过程也能看得出来。最早是"伏羲画卦"，怎么画的？照着天地的模式；然后是众多"大神"解卦；最后是孔夫子按照儒家的哲学思想写出《十翼》来全面地阐述《易经》存在的意义。这就是一个人类认识世界从直观到主观再到客观的过程。所以，从某种意义上来说，《易经》是一个人类科学地认识世界的过程，起码算是一个"定性的"认识过程。

人类认识的不断演进，最突出的事例就是"图腾"。"图腾"是各民族的"崇拜物"，图腾物实际上都是人类的希冀之物，是把人类的劳动成果理想化、无限扩大化。植物的图腾比如葫芦的多籽、动物的图腾比如龙的行走如飞等，都含有人类的希望在其中。

总之，相对于宇宙、相对于大自然，人类还是渺小的。以前我们还曾讲"人定胜天"，得到教训之后，现在提倡"人和大自然的融合"。那么，渺小的我们，有没有什么强大的地方呢？当然有，那就是信念，坚持不懈的信念就是"信仰"。

目　录

第1章

星　　座

星座和《易经》，两者相同吗？它们之间有关联吗？

太多的人想明了星座，想看懂《易经》。可是，真的是很少人能搞得懂、看得明白。因为，一个是源远流长了几千年的文化传承；一个是连接天地人生、时域空域的哲学巨著。

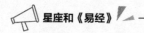
1.1 星座是属于"牧羊人、国王还是历法"

星座的英文是"constellation"，意思是"星座""星群"，这基本是天文学的解释；而占星术中所指的星座是"sign"，意思是"记号""标记""象征"。在英汉词典中有这样的翻译："Signs of Zodiac 黄道十二宫"，在《英汉天文学词汇》中也有同样的意译；而在英文字典中，则诠释得更详尽: One of the twelve equal divisions of the Zodiac，意思是黄道上十二个均等的部分（占星术中的星座划分）。因此，天文历法的十二星座（太阳的时间经过并不是均等的）与占星术中所指的星座（太阳的时间经过是均等的）在实际意义上是不同的。而实际上，星座就是天上一群群"人为"的恒星组合。它们经过分类、赋予、定义后，被占星师用来算命（演变成一组符号）；被天文爱好者用来认星（天文学家观测天体从来不用星座）；也被早期的航海家用来导航（见图1.1）。比如狮子座的 α 星（中文名轩辕十四）就是"航海九星"之一。

图 1.1 航海早期，航海都是靠著名的天体和星座定位的

　　星座叫法的起源，据说来源于 4000 多年前的古巴比伦王朝，两河流域的美索不达米亚文明。后经埃及、希腊传入欧洲，历经两度盛衰之后，最终按其应用分别形成为天文学的 88 个星座和占星术的黄道十二星座（宫）符号。

　　实际上，全世界的各个民族都有过这种将天上的星星分类、组合的过程。虽然 5000 年来世界上先后出现了多个文明古国，而且很多民族对天上的亮星都取了名字，甚至编出了美丽的神话，但真正形成完整星空命名体系的民族少之又少。

　　世界上只有两个最著名的完整星空命名体系：一个是以古希腊星座为基础的西方现代星座；一个是与中华文明、中国传统文化伴随始终的中国星座。这两个星座体系基本上都是初步定型于公元初年，这应该是人类文明发展到一定程度的必然结果。为什么在这个时候会在这两个地点分别出现两个完整的星空体系呢？我们不妨看一看那个时代与文明程度高度相关的人口数量分布：在公元初年的时候，全世界有 1/3 的人居住在地中海沿岸；1/3 的人居住在中国；另外 1/3 的人散布在世界各地，所以形成这样两大星空体系就不足为奇了。

　　中国星座的创立、使用目的很单纯，主要用于君国星占，为皇朝国事占吉避凶。到了清代，受西方近代天文学的影响，又在南天增加了一些星宫，旧有星宫也出现不少增星，但没有改变原有的体系，也就无法适应现代天文学的需要，终于随着封建社会的结束而成为历史，最后被翻译过来的现代西方星座所代替。

　　对于西方的星空系统，天文学的部分我们将在辨识星空的讲解中介绍。这里主要探讨演化成占星术符号的“黄道十二星座”，它的来历、演变以及是怎样被赋予占星术意义的。

　　关于星座起源问题，地点大家都认同来自两河流域。但是，最早是什么人，在什么情况下“创造”出来的？又是怎样被应用的？一直

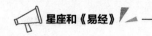
以来大致有三种说法：一是"放羊娃"在玩"连连看"；二是说巴比伦王国的宰相为了加强国王的统治而编的神话故事；三是认为两河流域进入农业文明初期时，是通过辨识星座（星空）来指导农牧业生产的，是最早的历法。

1.1.1　来自于原始的联想

"连连看"的游戏相信大家都玩过，很轻松，并不需要多动脑筋。开始是把一些相同的"东西"连在一起，产生一定的结果。等级高一些了，就可以把一些"相似的"、能产生抽象联想的连起来。我们也可以这样子设想发生在 4000 年以前"迦勒底人"的"连连看"——一个放了一天羊（牛）的牧童，有点疲惫地躺在草地上，不经意地注视着头顶的星空。一天又一天，他逐渐对天上一闪一闪的星星熟悉了起来，哎，这几颗星星聚在一起像个"羊角"呀！那几颗星星连起来多像是螃蟹……他把这些东西告诉"小伙伴"，相互比较、竞争，再争取到成年人的帮助……再遇到有心人，而且是有想象力，也有"艺术"才能的人，就逐渐将天上出现的最"显眼"的星星都有"组织"地连了起来。

这让我想起一件事情，给学生上天文学课，为了让他们熟悉星空，先要讲星座，让他们熟悉星座，进而熟悉星空。当时为了调动他们观察星空（星座）的积极性，就留了一个作业，让他们像 4000 年前的牧童一样，抽空去躺在草坪上去"连连看"，发挥大学生的想象力，看看能否创造出几个漂亮的星座来。效果也是有的，交上来的有"爱心座""花瓶座"（见图 1.2），甚至也有颇具"国学"色彩的"砚台座"。但是，也有 1/3 左右的同学命名的是"三角座"，就是随意地把天上的三颗星连起来，这太懒惰啦！后来一想，只是让他们去"连星座"，他们连起来的东西并没有任何的作用，他们的兴趣当然不会太大。所以，我也想，牧童的"连连看"极有可能是最早的产生"星座"的想法和做法，是

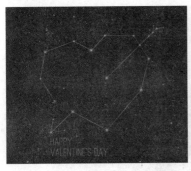

图 1.2 极具联想的"爱心座"和"花瓶座"

初级阶段，后面的两种星座起源的说法才更有实用性。

1.1.2 巴比伦国王和宰相的"阴谋"

中国古代的占星术可以说只有君国占星术一支，天象是只能为皇家服务的。尤其是古代人崇尚术数，喜欢玩弄权谋，所以对于不为一般人所知的"天象"就更成为他们利用的对象。

五大行星中，金星由于亮度极高，非常受古人关注。因其五行属金，所以代表皇族，也带有兵戈杀伐的气息。

公元 626 年，正值唐朝初年。六月初一和初三这两天，人们在白昼看到了金星在南天正中闪耀，此天象称为"太白经天"（见图 1.3）。"太白经天"是指金星运行到了天顶，也就是金星轨道的最高点。由于它是"地内行星"，所以在早晨和傍晚都能看到。在古代，金星早晨见于东方叫"启明（星）"，傍晚位于西方叫"长庚（星）"，《诗经》上说："东有启明，西有长庚"。据说"太白金星"是玉皇大帝的特使，负责传达各种命令，被封为武神，掌管战争之事，主杀伐。太白就是金星，"经天"就是在中天。而那几日的金星白天也能被看到。在古人眼里，金星是想要与太阳争辉，这意味着当权者即将更迭。

图 1.3　太白经天

　　果不其然，两次太白经天后的第二天，秦王李世民发动"玄武门之变"，射杀太子李建成和齐王李元吉。三天后，秦王被立为太子，全盘接手军政大权。两个月后，李渊正式传位给李世民。

　　实际上，"太白经天"并不十分罕见。只要是金星离太阳不是很近，没有被太阳的光辉淹没，并且天空足够晴朗，几乎每天都能在白昼（尤其晨昏时）看到金星。只是，启明、长庚大都伴随太阳左右，出现在距地平线不远的低角度天区。要看到它高挂南天，除了与太阳（角）距离足够远，还需要天气、光照和空气质量特别"配合"才行。

　　至于吉凶，其实从不同角度可以有不同说法。对于李建成和李渊来说，太白经天当然是凶兆，但就李世民和大唐国运而言则未必。不过，要说刀兵饮血、兄弟相残这种事，不论谁输谁赢，总归是"凶"。

　　中国第一位女皇帝武则天，也十分懂得利用天象。她的名字叫"武媚"，这是唐太宗李世民赐予她的（古代女子没有名字）。"则天"是她的后代对她的尊称，她为自己取的名字叫"曌"，读音为"照"，取"日月悬空，普照大地"之义，因此也叫武曌。据说这个"曌"字还是她首创的呢，可见其用心良苦。她登基的日子，特意选定为重阳节，九九重阳、日月同辉。

实际上，这样的事情在人类历史上是屡屡发生的。关于星座的起源，也是如此。据说 4000 年前的巴比伦王朝的国王，发现他的统治有些不那么牢固了，而且天灾人祸濒临。他就问计于他的宰相，当时连连看的游戏已经玩了很久，许多星座都已经诞生。由于黄道是太阳每天经过的路径，且地处北纬 30° 左右的两河流域，黄道带的星群最容易被观察到，所以最早产生的就是所谓的黄道星座。由于当时是农牧业社会，黄道星座就被联想到许多的动物，如白羊、金牛等，也有一些被看成怪物的东西，比如天蝎、巨蟹等。在当时的社会，这些星座是很受重视、很深入人心的。宰相就很聪明地利用了这一点，据说，他组织射手编写了十个神话故事，把天灾、人祸的事情都编了进去，故事里面针对这些坏人坏事，出现了一个英雄，他当然就是国王的化身，带领他的臣民奋起抗争、节节胜利，克服了种种困难，使得国泰民安。当然臣民们就会相当信任他、跟随他。这也是最早的关于黄道星座的神话故事。

1.1.3　历法

相对于连连看和宰相编的故事，我们更愿意相信星座的产生是社会发展的需求，是最早的历法。比如，人类最早的成系统的历法就是观察星星而制定的"天狼星历"。而且，让我们对照一下"黄道十二星座"和我国专门为农牧业生产而设置的"二十四节气"所相对应的时间（见图 1.4），这就相当清楚了。

白羊座对应的是春分、清明、谷雨，大致是 3 月 20 日到 4 月 20 日。二十四节气的解释是：春天开始，天气逐渐转暖。草木繁茂，雨水增多，大大有利于谷类作物的生长。两河流域和我国的黄河—长江的"两河流域"地理位置接近，文明程度也近似，所以农牧业生产的周期也应该比较相同。白羊座的标记像是小羊羔，"草木繁茂"正好有利于放牧。

图1.4 "黄道十二星座"和"二十四节气"对照图

而这个标记也可以说成是"小秧苗",春耕春种开始了。

金牛座对应的是谷雨、立夏、小满,大致是4月20日到5月21日之间。在我国,谷类作物加快生长,夏熟作物的籽粒开始灌浆饱满,同时,田地里也会杂草丛生,需要耕牛去耕地。巴比伦人也该如此吧。

接下来的双子座,很多故事都在讲什么"孪生兄弟"多么团结,多么相互关爱等。可是对照我们的"二十四节气",是小满、芒种、夏至,也就是5月21日到6月21日之间,那时候,麦类等有芒作物成熟,夏种开始。田地里那么忙,不需要"小伙子"这样的壮劳力吗?而且是一个不够,两个很好,越多越好。

巨蟹座对应的是夏至、小暑、大暑,6月21日到7月23日之间。天气最热,人们需要像螃蟹缩进壳里一样休息?可能不是这样,最好的解释应该是,那个时候太阳的高度最高,夏至的前一日、后一日,太阳都会在天上"上下"行进，而古代人们能量的唯一来源就是太阳，大家当然不愿意太阳高度慢慢地降低了，最好太阳是像螃蟹一样在夏至的最高点的天空"横着走"，永远不下来。这一点，从美洲考古发现的"栓日石（桩）"（见图 1.5）也可以得到解释。栓日石（桩），字面意义是用来绑住太阳。它会在印加人举行冬至（南半球太阳最高点的一天）仪式时被派上用场。一名祭司会在仪式进行期间将太阳绑在这块石头上，以避免太阳从此消失不见（逐日降低高度）。现位于秘鲁的印加人的"天空之城"——马丘比丘。栓日石旁边有个唯一的凸出角，它对的是正北方，栓日石上面的一块竖着的石头，它的四个角对的正好是东南西北。对着北南西方向都有山峰，而东面没有，因为太阳要照进来，印加人在"天空之城"迎接东方的太阳，所以怎能有山峰遮挡。

图 1.5　栓日石

　　狮子座对应大暑、立秋、处暑，时间大致是 7 月 23 日到 8 月 23 日之间。这段时间还没有搞得很清楚，需要狮子做什么？难道说夏种忙完了，清闲了，带上狮子去打猎，或者是去打狮子？不过，据说古埃及人是把狮子作为"看门狗"来用的，比如，巨大的"看门狗"——

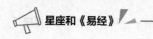

狮身人面像。

室女座对应处暑、白露、秋分，时间大致是8月23日到9月23日之间。这个似乎很清楚，室女座的女神就是西方的农业女神，巴比伦人也是用她来提醒我们丰收了，开始储藏了。在西方，少女一直是代表着"丰收"和"希望"的。

天秤座对应秋分、寒露、霜降，时间大致是9月23日到10月23日之间。天气渐渐地凉了，大家分分劳动的果实，准备过冬吧。

天蝎座对应霜降、立冬、小雪，时间大致是10月23日到11月22日之间。下霜了，雪也跟着下来了。人们大都开始减少户外活动了，据说天蝎的形象类似男性生殖器，是不是人们开始室内造人啦。

射手座对应小雪、大雪、冬至，时间大致是11月22日到12月22日之间。这是很冷的时候，据说代表射手座的神是宙斯，善于思考，永无止境。好吧，大冬天的我们的理想和未来也只能是处于思考的阶段。

摩羯座对应冬至、小寒、大寒，时间大致是12月22日到次年1月20日之间。大寒为一年中最冷的时候。可是过了这一天不就开始越来越暖和了吗？西方摩羯座的形象是山羊头加鱼尾，意味着犹豫中向前，不就是象征着气候、历法吗！

宝瓶座对应大寒、立春、雨水，时间大致是1月20日到2月18日之间。有句诗就说："春江水暖鸭先知。"看看宝瓶座的符号，是水波纹，不也是说水里有动静了吗？

双鱼座对应雨水、惊蛰、春分，时间大致是2月18日到3月20日之间。现代西方解释双鱼座说是"爱神"和"美神"母女两个的化身，这恐怕是后来的解释。二十四节气里讲，惊蛰——春雷乍动，惊醒了蛰伏在土壤中冬眠的动物，不是也把水里的鱼儿给惊到了吗？

所以，经以上分析、判断，最早的"黄道十二星座"应该是一种非文字的、实用性的历法。我们再来看看"黄道十二星座"的代表符号，可能更能让我们体会到最早的"黄道十二星座"的实用性。

1.1.4 "黄道十二星座"是符号象征

在套书第一册《天与人的对话》中我们提到过，占星术就是一种符号象征。这一点从占星师们对十大行星所赋予的角色扮演中已经了解到了。再回忆一下占星术的框架，行星—星座—宫位。现在该是讨论星座和宫位的角色扮演了，不过，占星术中只讨论黄道星座，也就是所谓的"黄道十二星座（宫）"。注意，这时候它们都已经失去了天文学的意义，或者是说，它们只具有占星师们所赋予它们的"天文学"意义。

白羊座（见图1.6），白羊座符号象征着新的开始。符号能量代表控制。象征是一头公羊，也可以诠释成公羊的角和鼻子。白羊座始于春季的第一天（北半球），象征一个新的开始。一棵新生的绿芽，表现出大地的新生和社会欣欣向荣的景象。

图1.6　白羊座的标记和星座图

优点：充满希望（春天）、和蔼可亲（羊）、行动力、活力充沛、诚心诚意、天生有才、勇敢。

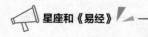
缺点：稚拙（小羊）、刚愎自用、性急、好战、没耐心。

"白羊人"性格勇敢直率，是一只敢作敢为的小白羊。看看下面的幽默故事，似乎还是有那么点意思的。

小故事 5岁的白羊爱看"军事天地"，迷上了战斗飞机，情不自禁地高喊："看哪！将来我一定要有一架！"爸爸面对这种问题的回答永远是："只要我活着就不行。"一天，白羊正跟小朋友谈话，一架战机横空飞过，他兴奋地指着大叫："看哪！我要买一架——等我老爸一死我就买。"——到底是素有"战神"之称的白羊，兴趣爱好够暴力，所说的话也真是非常直接。

金牛座（见图1.7），金牛座符号象征着力量。符号能量代表拥有。星座符号中的圆形代表着太阳的出现，因为"拥有"，所以金牛在黄道十二宫中代表"金钱"，它们外表温驯，但内心充满欲望。在古代，农夫播种之前都用牛来耕田犁地，因此它也是收入和报酬的代号。

图1.7 金牛座的标记和星座图

优点：浪漫（圆脸）、决断能力强（牛角）、逻辑性思考、勤勉（牛）、灵巧、热心、忍耐心、超强的艺术天赋。

缺点：偏见、依赖心、死脑筋、求胜心太强、固执（公牛）。

"金牛人"能持家、内心充满愿望又要顾全自己。

小故事 卖瓜小贩："快来吃西瓜，不甜不要钱！"饥渴的牛牛："哇！太好了，老板，来个不甜的！"

双子座（见图1.8），双子座符号象征着多面性。符号能量代表掌握。双子座的星座符号是像Ⅱ的两根平行直线，两头再以两根较短的横条封口，代表着两颗永不分离的孪生星星，常被看成正反两面的象征，譬如对与错、施与受、教与学等。双子座掌管教育，负责各种传播和沟通。

图1.8 双子座的标记和星座图

优点：多样性（两个）、洞察力强、开朗、反应机智、演技佳、宽大、有魅力，善变。

缺点：临时抱佛脚、性格不定、双重人格（两个）、投机取巧、八卦、没恒心。

"双子人"自我意识强烈、具有自行思维。

小故事 妈妈叫双双起床："快点起来！公鸡都叫好几遍了！"双双说："公鸡叫和我有什么关系？我又不是母鸡！"

巨蟹座（见图1.9），巨蟹座符号象征着坚强。符号能量代表热情。

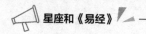
巨蟹座的星座符号就像是一只顶着硬壳的可爱小螃蟹横行的模样，有些占星师则认为，巨蟹座的星座符号像是两只对峙的小螃蟹。巨蟹座掌管的是与房屋有关的事情，像是房地产、银行、房贷等。"巨蟹"人外表冷漠，内心充满善意和温情，总是会适当地释放出来。

图 1.9　巨蟹座的标记和星座图

优点：第六感、主观、反应佳、想象力、慎重、执着、毅力。

缺点：情欲、贪婪、占有欲、敏感、情绪化、无主见。

"巨蟹人"有很强的依恋感，有恋母（父）情结。

小故事　巨蟹妹妹和邻家小哥哥从小要好。一天，他们在一块儿玩过家家，小哥哥对她说："等我们长大后，我们真的结婚，你嫁给我，好吗？"巨蟹妹妹想了想，摇摇头说："我想和你好。不过，我还是不能嫁给你。我爸爸常说，肥水不流外人田。再说你看我们家女的只嫁自己人。我妈妈嫁给我爸爸，婶婶嫁给叔叔，奶奶嫁给爷爷。"——注重家族到这种程度，真是令人感动。

狮子座（见图 1.10），狮子座符号象征着权力。符号能量代表清醒。它的符号简单，最好辨认，就是一条狮子尾巴，狮子座掌管着运动、休闲等各种娱乐项目，由于是万兽之王，狮子座代表着人类不断地尝试表达自己，并且发掘自己潜在本质的能力，因此狮子星座会表现出一种慷慨、高贵的气质。

图 1.10 狮子座的标记和星座图

优点：自尊心强、慈善、迷恋权力、善思考、保护他人、有忠诚心、热情。

缺点：傲慢（王）、虚荣心、放纵、浪费、任性、自我满足。

"狮子人"自我感觉良好，不在乎旁人眼光。

小故事 狮狮去参加奶奶的寿宴。到了吃寿包的时间狮狮问："我们为什么要吃这种像屁股一样的寿包？"众人听了脸色大变。接着狮狮掰开寿包，看看里面的豆沙，说："奶奶，快看！里面还有大便！"众人晕的晕，吐的吐。

室女座（见图 1.11），室女座（处女座）符号象征着神秘。符号能量代表分析。它的符号很难懂，与天蝎座符号十分相似，差别只是室女座符号上加上一个倒"v"。占星师认为，室女座的符号，就像是一位手持一串谷物的室女，而她手中的每一粒谷物，都象征着由田野中所收获的智慧果实。室女座代表着健康，它掌管药剂学，同时也是统计学和劳动力的代表。

图 1.11 室女座的标记和星座图

优点：有板有眼、服务好、鉴赏力强、完美主义（女性）、谦虚、头脑清晰、务实。

缺点：挑剔、媚于俗世、不善表达（矜持）、好管闲事、拘泥。

"室女人"好奇心强且又追求完美。

小故事　处处对肚脐很好奇，就问爸爸。爸爸把脐带连着胎儿与母体的道理简单地讲了一下，说："婴儿离开母体之后，医生把脐带剪断，并打了一个结，后来就成了肚脐。"处处问："那医生为什么不打个蝴蝶结呢？"

天秤座（见图 1.12），天秤座符号象征着平衡。符号能量代表衡量。星座符号可以说是令人一目了然，一看就知道是一把四平八稳的秤（天平），追求的就是如何取得两方平衡的天秤，在黄道十二宫中，天秤代表着公平和正义，掌管着一个国家的法律还有外交的问题，因此天秤座是绝对要求平衡的星座，在平衡中必须公正，天秤座同时也具有谦和有礼的特性。

图 1.12　天秤座的标记和星座图

优点：理想主义、公正、追求、社交手腕强（外交）、审美观强、有魅力、艺术力强、美丽、善良。

缺点：诱惑、犹豫不决（平衡）、自恋、爱美、敷衍、随心所欲、懒惰、爱表现。

"天秤人"聪明，能权衡利弊。

小故事　父亲对天天说："今天不要上学了，昨晚你妈给你生了两个弟弟。你跟老师说一下就行了。"天天却回答："爸爸，我只说生了一个；另一个，我想留着下星期不想上学时再说。"

天蝎座（见图 1.13），天蝎座符号象征着丰富。符号能量代表直觉。星座符号看起来就像是一只翘着尾巴的毒蝎子，但在许多西方占星师的眼中，天蝎座的符号其实是蛇，因为蛇在上古时代即被视做智慧和罪恶的象征，众所皆知的是，人类的始祖亚当、夏娃被驱逐出伊甸园的主要原因就是受了蛇的引诱，吃下智慧果铸成大错。

图 1.13　天蝎座的标记和星座图

优点：神秘、理性、独立、直觉、规律、奉献（男性）、观察力、真正魅力、冥想。

缺点：多疑、狂热、复杂、过于主动、占有欲强、极端。

"天蝎人"很难让人搞懂，经常是不按常理出牌。

小故事　蝎蝎刚睡着，就被蚊子叮了一口。他起来赶蚊子，却怎么也赶不出去。没法，便指着蚊子说："好吧，你不出去我出去！"边说边出了房间，把门使劲关严得意地说："哼！我今晚不进屋，非把你饿死不可！"

射手座（见图 1.14），射手座符号象征着坦诚。符号能量代表思考。它的符号象征射手的箭，回到了象形的简单形式；射手座的神话告诉我们射手座有智慧、爱好自由。射手的原型是拿弓箭的射手，下半身的马象征追求绝对自由，上半身的人象征知识和智慧，而手中的箭，则表现出射手的攻击性和伤人的一面。

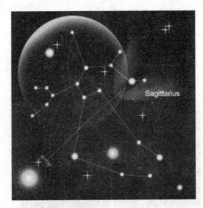

图 1.14　射手座的标记和星座图

优点：理性、勇敢（男射手）、细心、发展力、活泼、廉耻心、热心、可爱、乐观。

缺点：丢三落四、糊涂、草率、花心（丘比特）、粗心、不守信用、温柔。

"射手人"喜欢思考。

小故事　射射问："爸爸，为什么你有那么多白头发？"爸爸说："因为你不乖，所以爸爸有好多白头发啊。"射射："……"（疑惑中）射射："那为什么爷爷全部都是白头发？"爸爸：！@＃＄％︿＆＊！（……

摩羯座（见图 1.15），摩羯座符号象征着坚韧。符号能量代表放松。星座符号像是一笔画出山羊外形特征的一种古代象形文字，骨瘦如柴的身躯，却有攀登绝壁坚强的意志忍耐力，代表认真踏实的个性，而符号中有着山羊的头和胡须，其实摩羯座代表的就是山羊，而山羊本来就是一种个性非常强韧，且刻苦耐劳的动物。

图 1.15　摩羯座的标记和星座图

优点：优越、聪明、实际、野心、可靠、不屈不挠（山羊）、宽大、乐观。

缺点：顽固、暴躁、享乐主义、孤独、不灵活、疑神疑鬼。

"摩羯人"很明白现实，懒得作出改变。

小故事　一天，羯羯跟妈妈上街。走在路上，突然下起雨来。妈妈拉过羯羯的小手，说："下雨了，快往前跑啊！"羯羯慢条斯理地问："那前面就不下雨喽？"

宝瓶座（见图 1.16），宝瓶座符号象征着智慧。符号能量代表坚持。符号象征着水和空气的波，是具象但又抽象的；由宝瓶座的神话中，可以看出宝瓶座的爱好自由和个人主义。象征宝瓶座的波，是高度知性的代表，由波的特性去思考宝瓶座的特质，看似有规律但没有具体的形象，是一个不可预测的星座。

图1.16　宝瓶座的标记和星座图

优点：独创力强、宽容、有理想、先见之明、友爱、慈善、独立。

缺点：善变、不服从、自由主义（流动）、贸然行动、无远虑、叛逆、令人猜不透。

"宝瓶人"是天生的另类，脑筋思考永远和常人不一样。

小故事　地理考试时，老师要学生简略描述下列各地：阿拉伯、新加坡、好望角、罗马、名古屋、澳门。其中小宝瓶这样写：从前有个老公公，大家叫他阿拉伯，一天他出去爬山，当他爬到新加坡的时候，突然看见一只头上长着好望角的罗马直冲过来，吓得他拔腿跑进名古屋，赶紧关上澳门。——另类吧！宝瓶和他的好友双子一样是绝对不会交白卷的，即使不知道答案，凭他的顶级创造力和想象力，其答案也铁定有"语不惊人死不休"的效果。

双鱼座（见图1.17），双鱼座符号象征着复杂。符号能量代表信心。它的星座符号是两道新月形的弧，中间通过一道直线将它们串联起来，看起来就像是两条绑在一起的鱼，一条往上游去，另一条则向下游，完全背道而驰却因中间的一线相连，无论怎么拼命，结果还是无法分

21

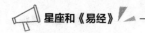
离，反而让自己身心俱疲、矛盾不已，这正好明显地点出双鱼座天生的双重个性。

图 1.17　双鱼座的标记和星座图

优点：自觉、唯美的、柏拉图式的爱、幻想、牺牲、奉献、善良、好脾气。

缺点：畏缩、逃避困难、感伤、优柔寡断、意志薄弱、不现实。

"双鱼人"富含同情心，但是也有点不分情况和对象。

小故事　爸爸给鱼鱼讲小时候经常挨饿的事。听完后，鱼鱼两眼含泪，十分同情地问："哦，爸爸，你是因为没饭吃才来我们家的吗？"

1.2　星座按属性分类

历代的占星师们为星座和宫位赋予了属性。但是，仅仅依靠星座符号，或者太阳经过星座的时间去赋予、判断性格，就显得太直观、太单薄了，似乎神秘色彩也不够浓厚。这岂不是"糟蹋"了那些"高大上"的天体。而且，随着社会的发展和人们的需求，占星术也需要不断地与时俱进，并自我形成体系。所以就有了结合"阴阳学说"的星座两分法，也就是将十二星座交替分为阳性阴性各六个星座；结合季节将十二星座分为四组（春夏秋冬）三种（主动、不动、被动）的三分法；四分法则是按照西方的物质构成理论，将十二星座按火土风水属性分类。这样下来会使得星座能够被赋予更多、更广的含义。

1.2.1　阴阳属性的星座二分法

"阴阳"（见图 1.18）是中国哲学的最基本范畴。古往今来，中国人常用"阴阳"来解释种种事情，判断各种行为。它与中国文化的方方面面都有联系。当然，作为反映自然界的基本属性的"阴阳"，自然也是西方社会、人文的基本理念。

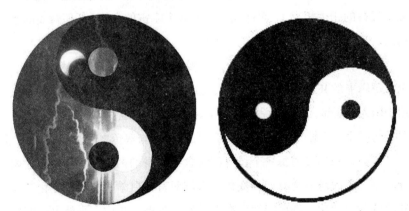

图 1.18　阴阳太极图，白中黑点表示阳中有阴，黑中白点表示阴中有阳

早期的阴阳，最初的意思非常简单，分别指太阳照到没照到：阳就是有太阳，晴天；阴就是没有太阳，阴天。后来，渐渐地被用来描述大地，说大地也有"阴阳"，比如山南为阳，山北为阴。可见，阴阳的早

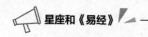

期含义就是对天地现象或者说是最简单的自然现象的描述，没有任何哲学思维，神秘思想。

随着文化、哲学的发展，阴阳的内涵日益抽象化。阴阳可以指天上的两种现象，地上的两种现象，甚至于天地之间的白昼和黑夜。也就是说，阴阳既可以表示时间，也可以表示空间。请注意这里的阴阳是无形无象，介于虚实之间的东西。它没有形状，你不能说阴阳是扁的还是圆的；它也是不可触摸的，它是有"象"的。形与象的不同在于前者更具体一些；后者更抽象一些。比如一个地方背阴，"背阴"只能是象，不能是形，形必须是长的或方的或圆的。阴天也是如此，只是一种现象没有固定的形状和大小。所以，阴阳介于虚实之间。

星座的二分法，其实就是强调一件事情的阴、阳两面。占星术认为，十二个星座中，其实是有六个能量点，佐以一阴一阳的对称性发展，形成了十二个星座，每一对星座都互相含有"对宫"的隐藏性特色（类似于五行的相生相克），而这也反映了这个宇宙的实像：任何对立的事物间，都有其共通的本质。

例如，白羊与天秤本质一致而发展相反，但相反之中又相辅相成，也有逻辑上的共通性。天秤太强会变成白羊，白羊太强也会变成天秤，用中国人的思维而言，就是物极必反。同样的情况也发生在金牛与天蝎、双子与射手、巨蟹与摩羯、狮子与宝瓶、室女与双鱼之间。

所以，我们知道每一个星座都隐含了本身的两种变化和对宫的两种变化，因此可能会有四种变化。举例而言，白羊座的两个变化和天秤座的两个变化，都可能发生在白羊座的生命现象中，当然也可能发生在天秤座的生命现象中。

阳性星座 性格上会出现积极、主动、乐观、进取等阳性的特征。包括白羊、双子、狮子、天秤、射手、宝瓶六个星座。

阴性星座 性格上会呈现出消极、被动、悲观、内敛等阴性的特质。

包括金牛、巨蟹、室女、天蝎、摩羯、双鱼六个星座。

1.2.2　季节属性的星座三分法

星座的三分法是占星术给星座赋予的"季节"属性，也就是将十二个星座按照春夏秋冬四季，分为四个三星座小组（基本星座、固定星座、变动星座，见表1.1）。

表1.1　星座三分法的四个星座小组

	春季	夏季	秋季	冬季	性质
基本星座（开头）	白羊座	巨蟹座	天秤座	摩羯座	开创
固定星座（中间）	金牛座	狮子座	天蝎座	宝瓶座	坚持
变动星座（结尾）	双子座	室女座	射手座	双鱼座	变动

白羊、巨蟹、天秤、摩羯是每个季节中的基本星座。也就是每个季节的起点，正是黄道正东、正南、正西、正北的位置，也代表中国二十四节气的二分二至，白羊代表春分、巨蟹代表夏至、天秤代表秋分、摩羯代表冬至。

金牛、狮子、天蝎、宝瓶是每个季节中的固定星座。对应每个季节的中间阶段，相当于二十四节气的谷雨（金牛）、大暑（狮子）、霜降（天蝎）、大寒（宝瓶）。

双子、室女、射手、双鱼是每个季节中的变动星座。是每个季节的结尾，相当于二十四节气的雨水（双鱼）、小满（双子）、处暑（室女）、小雪（射手）。

星座的三分法就是在"叙述"一件事情的三个阶段，第一个阶段为开创性，由基本星座来负责。所谓开创性，就是一件事情以前可能没人做过，就由基本星座负责开创，在没有门的墙壁上打开一道门来，在遍野荆棘中重新开出一条路来，所以需要有勇气的领导者。

在基本星座的领导者杀出一条血路之后，就必须有人负责组织发展事宜，这时勇于开创的基本星座可能就不能胜任了，必须由有恒心毅力的固定星座来负责组织发展，推动很烦琐的业务。固定星座虽然不具备创造雄主的条件，但对于守成或持续壮大等极具特长，可以担负重大责任。

变动星座则处于第三阶段，如何就环境变化而转型，结束旧的事件，并指出新的方向，至于新的方向究竟是由谁来执行，当然还是需要基本星座的人。

所以基本星座、固定星座和变动星座的三分法，其实是指出了任何一件事情的流程中，都需要有开创性的人才、组织发展的人才，以及研究企划的人才。这三种人各自在不同的时空担任要角，缺一不可。根据这些特性，占星术为他们分别赋予了占星属性。

基本星座（白羊、巨蟹、天秤、摩羯），他们是诞生者，几乎都具有勇于行动的共同特性，他们比较喜欢指挥别人，希望自己居于领导地位，别人要领导他们很难，要改变他们的意见更难。由于他们的行动性强，对事情的推动或开创都有绝大的贡献。但这些人较缺少耐性，所以在作决策时往往太仓促，行动是他们最本能的反应，即使素以温和见称的巨蟹座也是如此。此种人比较具有实际行动的能力，能创建构想，往往要做到影响周围的一切，并将理想完整地展现出来，方肯罢休。

基本星座凡事喜欢开头，却无力收尾。个性的特色是积极、野心、热情、独立，但也会流于性急、贪婪、专制、鲁莽。若个人天宫图中，并无行星落在基本星座之中，则此人的性格会缺乏基本星座的特质，也就是说，凡是行动、积极、野心、开创、热切的性格，都看不到，难以担当领导重任，甚至有种自怨自艾的心理，所做的事没有一件是对的。

固定星座（金牛、狮子、天蝎、宝瓶）是守护者，性格上比较固执，比较不愿意接受变化，情绪都比较强烈，整个人生的行为都和情绪有密切关系，满意—兴奋—完成—坚持—喜乐，如此循环不已。对事物的看法喜作二分式——好人或坏人，喜欢或讨厌，要或不要，黑或白，因此也比较难以协商、沟通或谈判。优点是有恒心，坚韧不拔。此种人积极而具有可靠性，步步坚实地营造成功。出生在这类星座的人，天生似乎就是要维持这个世界平稳的经营，就像太阳平稳地运行一样。有情愿重复同样经验的倾向，无论是日常的例行工作或者生命中重要的事情，都能接受它的一再重复，而不感到厌烦。

固定星座可以显现对人的影响，也能突显个性：坚决、稳定、固执、记忆力良好，这种人的动作虽缓慢，但能持之以恒，态度明朗，坚定可信赖，不易中途变节。但缺点是以自我为中心，极为顽固，观点难以改变。如果个人天宫图中并无行星落入固定星座，那么在性格上会缺乏恒心与耐力，空有想法而无实行能力，个性不稳定，胸无主见，缺乏责任感。这种人思想方式较灵活，生活上不会陷入已往的伤痛中，人生负担比较小，也许这样会活得快乐些。

变动星座（双子、室女、射手、双鱼）是改变者。比较聪明，反应比较快，读书成绩名列前茅，但他们喜欢跟着潮流行走，观念总是新而易变，重视不同意见的整合，所以在性格上也比较随和，情绪不会太强烈，凡事也总有伸缩性。但由于这些人的观念比较求新求变，所以给人不稳定、不可靠的感觉。他们很容易过一段时间，就向别人标榜一种新事物、新观念或新的生活方式，或者是对以前所支持推崇的事物，又开始怀疑和反对。此种人性喜排除属于古老过时的一切，而想创立新的一切，对事物的内在含义感兴趣，并由经验、世间的现象收集成个人的智慧。

变动星座对人格的影响上，代表完成及计划。这些星座的人是多样化的，适应能力强、易变、敏感，富有同情心和有直觉能力。他们

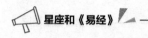

能够迅速地吸收新资讯和新观念，缺点是容易变得狡猾、善变和依赖。这种人思想上比较属于单面向，而且会要求别人遵照他自己的标准，不在意他人的眼光，不管是特立独行或标新立异。总之，他要做真正的自己，不想迎合别人，所以生活过得特别有自信或特别自由自在。如果个人天宫图中，缺乏行星落入变动星座，那么此人在性格上会减低多元性、适应性及可变性。

1.2.3　物质属性的星座四分法

从占星术的眼光看世界，这个世界就是由火土风水四个元素所组成的（见表1.2）。不只是人的性格有这四种分类，每个人体内都有这四种元素，只是多寡比例不同而已。而且，任何事物从人的眼光看去，都是由火土风水四大元素组成的。例如一辆汽车，火象的部分代表了车体、马力、速度；土象的部分代表了价值、材料、质感；风象的部分代表了设计、造型；水象的部分代表了感觉、历史。又如一本书，火象的成分代表书的封面；土象的成分代表了书的材料、价值；风象的成分代表了书的内容、理念；水象的成分代表了书的感觉。对人的分析也是一样，行动力强、肌肉发达的人可能火象星座的成分多；物欲重、实践力强的人可能土象星座的成分多；爱讲话、交朋友的人可能风象星座的成分多；重感情、直觉的人可能水象星座的成分多。

表1.2　四分法星座分类

	第一组	第二组	第三组	关键字
火象星座	白羊座	狮子座	射手座	热情
土象星座	金牛座	室女座	摩羯座	实际
风象星座	双子座	天秤座	宝瓶座	灵活
水象星座	巨蟹座	天蝎座	双鱼座	情感

火象星座（白羊、狮子、射手）

火象星座属性比较强烈的人，他们永远有赤子之心，喜欢和年轻人在一起，比较喜欢当"老大"，个性也很慷慨，是个开创性人物、决策者。但在执行上，总是把细节留给别人，对于烦琐的事，也总是不耐烦。在性格上，会有较乐观、自信、热诚、主动、进取的倾向。有理想、有运动家精神、视人生为一场竞赛。此种人强调野心、刚愎的勇气、猛烈的热情，富于积极性，喜爱行动，以及渴望拥有领导权以便影响周遭的人。在金钱方面很难储蓄。

白羊——我存在与我表现

白羊和诞生、存在、表现等属性有关，任何坚持自我、表现自我、为自我生存而奋斗的动力，皆来自于白羊座。白羊也跟第一名的表现有关，无论是第一或倒数第一、最好或最坏，同样引人注目。有人说白羊是自私的，在自我表现太过的情形下会有这个问题出现，也就是总是先想到自己，然后考虑别人。

狮子——我胜利与我支配

狮子座表现主导能力，以及对整个情况的控制。和白羊座很像的是，都有唯我独尊的表现欲，但是狮子座会把场面弄得欢乐和幽默一些，好像在庆祝一样。因为狮子座要确定的是，他能够掌握胜利的宝座，他是王，不仅是他认定这点还要表现给群众认定，要群众称他为王才甘心。

射手——我提升与我自由

射手座是很有智慧的星座，其智慧近乎直觉。射手座代表灿烂后的反省能力，庆祝而不受限于庆祝，欢乐而不受限于欢乐，深刻的反省能力使他着重成长，而提升自己的心灵，以及让自己的身体获得自由，这些对他而言都是特别重要的事。

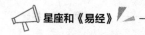

土象星座（金牛、室女、摩羯）

土象星座属性强烈的人，做事不会主动，但有始有终。性格上的优点是稳定、可信赖；缺点是有时会吹毛求疵、小题大做。通常都显得奋发、脚踏实地、实际而稳重，由于有这些特征的缘故，特别适合于踏实的工作。这种人一定较重视安全感，成长较慢，较保守及现实，做事总是小心谨慎、考虑周密，不太会挥霍，很重视家庭和朋友之情。他们很重视财产，有一点太爱钱，因此不喜欢浪费并且痛恨浪费，对于不动产以及物质方面的事业较为合适。

金牛——我抓住你

任何执着和抓住的力量，主要都来自于金牛座，尤其是财产方面。金牛座为什么要抓住呢？因为金牛座的力量是从感官和欲望而来的。我们身体的感官，是一种很真实的感觉，这里有人欲，也有天理，而且是难以抗拒和摆脱的，金牛座就是从这里出发，然后将人欲升华为美感、天理。

室女——我分析

一切理智上的条分缕析的力量都来自室女座，这个星座能够敏锐地分辨任何事物，包括分析物质和观念的不同。为什么要区分其不同处呢？主要是为了迅速判断其优劣，找出缺点和优点。而一切事物经室女座分析之后，才能表达完美，才能取其精而汰其劣。

摩羯——我负责

负责的力量从摩羯座而来，负责的意思是为自己的遭遇和所作所为承担后果，其背后更大的意义是：了解自己有无限的创造力。按部就班、彻底实行、面对困难、抗拒压力，都是摩羯的特色。摩羯座也在抓东西，但摩羯抓的是"我的国在地上而不在天上"，就是说，我的国就是事业和成功形象；而死后永生或西方净土对摩羯座而言，都是第二位的。

风象星座（双子、天秤、宝瓶）

风象星座属性强烈的人，一定较喜爱讲话、沟通，或者语言能力较强，分析能力佳。凡事能条理化，思路清楚，好奇心较重，喜爱发问，适合当老师与新闻从业人员。此种人比较敏捷，脑子总是转个不停，而且很容易紧张、很敏感。他们通常都是好人，但总把不常见面的好友忘得一干二净；拥有现学现卖的本领，路旁听来的闲谈经过他们的嘴里一说，就好像是专家一样；可以为了一个观点和朋友争辩不休，从图书馆辩论到操场，又从操场辩论到饭厅；思想观念总是与时俱进，绝不落伍。

双子——资讯学习

双子主管资讯学习，任何新事物的来源都在双子座，其代表吸收和学习新来的资讯，然后用比较简化的方法，以及别人能够听懂的沟通方式转化出去。所以双子这里就好像是一个资讯过滤器，不断地过滤资讯垃圾，所以此种人需要好的吸收和学习能力。

天秤——社交学习

双子把资讯过滤之后，就交给了天秤座，天秤座要想办法把这些资讯用在人的身上，尤其是用于改善人与人的关系。所有世界上的事情，在他们的思维里都跟人有关，只要有两个人以上，就会产生人际关系，而天秤座就是使尽吃奶的力气，把所有的资讯都用在人际关系上，可以说是社交，也可以说是管理。

宝瓶——真理学习

宝瓶座和真理有关，与真理有关的人际关系就是人道，所以宝瓶座是人道主义者，这个星座重视人类共存共荣所需要的一切原理和原则。另外，宝瓶这里有很多创意，包括声、光、化、电、计算机等高科技，也包括哲学、人文方面，这些创意都是要帮助人类获得新能量，或对人类社会有更长远、更和平的规划。因为宝瓶较接近宇宙真理的源头，所以创意也就源源不绝而来。

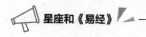

水象星座（巨蟹、天蝎、双鱼）

水象星座属性强烈的人，他们不是善变者，很有恒心和毅力，但很难掌握新观念，反应也比较慢，由于直觉很强，潜意识能够察觉出谁是真正对他好，也能觉察出别人的要求，但是否愿意符合这些要求就是另一回事了。此种人的一生中，最需要的是爱情和亲情，较富于情绪及感情，内在的心情是他们人生各个阶段的驱动力。生活方式对他们而言很重要，如果过着自己不喜欢的生活，会导致沮丧或长期卧病。

巨蟹——我记忆

巨蟹扮演的是我记忆的功能，小至回忆前两天发生的事，大至任何回顾或历史事件的研究，都和巨蟹座有关。为了要唤醒记忆，必须收集历史文物，所以巨蟹也和古董店、博物馆等有关。为什么要记忆呢？唯有记忆才能让我们了解万事万物本来的样子，我们可能探讨清朝、明朝、唐朝、汉朝，上溯史前，甚至人类的来源、生命的本源。透过记忆的方式，最后，我们才会了解，我们的本来是什么，就是——所有的来源都是老天的爱。

天蝎——我觉悟

天蝎是宇宙最黑暗的地方，但也是最接近宇宙的核心力量，天蝎这里有人生最悲惨的苦难，而且是永无止境的苦难。打个比方说，就是佛教中的"无间地狱"在人间的办事处。天蝎中虽有无尽的苦难，但会让苦难中的众生了解，创造苦难的和创造净土的力量是同一的，来源同一，但方向相反。如果你落入黑暗的深渊，也要知道，愈黑愈深力量也愈大，造苦得乐仅在一念之转。这个一念之转，就是觉悟，任何觉悟的现象，尤其是一念之间，苦乐顿判，包括禅宗的开悟破参，都从天蝎而来。

双鱼——我牺牲

双鱼这里要处理一切的包容和牺牲，包容是不论好的坏的，牺牲是无条件的，不论价值的，只要有牺牲的场合就扮演牺牲的角色，不论牺牲的后果与牺牲的意义。这点只能说是模仿上天的慈悲，我们这个社会上有很多牺牲现象，有的是为慈善事业而牺牲，有的是恶势力下的牺牲，有的重于泰山，有的轻如鸿毛，但每个牺牲的后面都是上天的慈悲。

1.2.4 星座的另类分法

除了传统的二、三、四类分法之外，星座还有一些不太流行的"另类"分法。

（1）人性星座：双子、室女、宝瓶、射手（前半段是人）。

（2）兽性星座：白羊、金牛、狮子、摩羯、射手（后半段是马）。

（3）四足星座：白羊、金牛、狮子、射手、摩羯。

（4）两栖类星座：宝瓶、摩羯（两者都有水栖和陆地的要素）。

（5）双元或双体星座：双子、双鱼、射手有双重内涵，如果天宫图上它们位于十二宫中第五宫（与生殖有关）的头位，易有双胞胎；如在第十宫（与职位有关），常有两种职业，很少从一而终；如为第二宫（与钱财有关），容易有多项赚钱来源。

（6）沉默星座：巨蟹、天蝎、双鱼皆为无声星座，口语表达能力弱，如果水星落在这些位置，相对来说水星的正面力量就会较为薄弱。

（7）有声星座：双子、室女、宝瓶、射手（半人），皆能发声、讲话，故口语表达较强，沟通能力较强。其他兽性星座，如白羊、金牛、狮子也能发声，但无法说话，类同于沉默星座的特性，但稍好一些。

（8）荒地星座：双子、狮子、室女此三个星座称为荒地星座，较不易生孩子。荒地星座怀孕概率较小，其次是射手、宝瓶为半荒地星座。

（9）肥沃星座：水象星座巨蟹、天蝎、双鱼等称为肥沃星座，较容易生孩子。肥沃星座怀孕概率较高，其次金牛、天秤、摩羯称为半肥

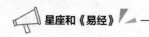

沃星座。

（10）命令星座：白羊、金牛、双子、巨蟹、狮子、室女等"北方星座"，由于太阳在较靠北纬时，其白天的时间比夜间长，阳大于阴具有支配之意，较易掌有实权。

（11）服从星座：天秤、天蝎、射手、摩羯、宝瓶、双鱼等"南方星座"，由于太阳在较靠南纬时，其白天的时间比夜间短，阴大于阳，较为内敛，隐含较易服从之意，较易替人服务。

（12）始入星座：太阳回归视运动，每年在刚进入二分二至点时的星座，如白羊、巨蟹、天秤、巨蟹的0°时，称为始入，占星师通常按其始入时刻和首都所在地或用事地点的经、纬度起盘，用来论断国运或时事。

写完星座的各种分类，只想说一句话——叹为观止！最后，结合上面星座的各种分类，我们还是为"黄道十二星座"做个总结吧。

白羊：阳性火象本位 = 直觉、开始 = 生命或直觉的勇气；

金牛：阴性土象固定 = 感官、过程 = 唯物或感官的价值；

双子：阳性风象变通 = 思考、结果 = 荣誉或思考的成长；

巨蟹：阴性水象本位 = 幻想、开始 = 依赖或幻想的勇气；

狮子：阳性火象固定 = 直觉、过程 = 生命或直觉的价值；

室女：阴性土象变通 = 感官、结果 = 唯物或感官的成长；

天秤：阳性风象开始 = 思考、开始 = 荣誉或思考的勇气；

天蝎：阴性水象固定 = 幻想、过程 = 依赖或幻想的价值；

射手：阳性火象变通 = 直觉、结果 = 生命或直觉的成长；

摩羯：阴性土象本位 = 感官、开始 = 唯物或感官的勇气；

宝瓶：阳性风象固定 = 思考、过程 = 荣誉或思考的价值；

双鱼：阴性水象变通 = 幻想、结果 = 依赖或幻想的成长。

1.3　星座是一种娱乐性的符号文化

对于星座文化，有两点现实，说出来恐怕不论是专家也好，普通大众也罢，都会觉得诧异。那就是，第一，在中国盛行的十二星座的概念，在西方找不到相对应的直接引进的原版；第二，十二星座在西方已经被符号化了，就如中国人对待十二生肖的态度一样。那么，为什么最初起源于西方的东西，反而现在中国比西方更加发展昌盛，更加流行呢？

1. 中西结合的文化创造

目前中国流行的黄道十二星座，西方虽然没有原版，但是它本身就是在西方占星术黄道十二星宫的框架基础上加工而来的；而且，十二生肖的说法（见图 1.19），算命的概念，在国人的心目中是根深蒂固的，只不过是很多人觉得他们都已经过时了。所以，具有类似功能，又有着天体这样华丽而上档次的包装的黄道十二星座的出现，当然就适合了一部分国人的胃口。

图 1.19　中国的十二生肖和西方的黄道十二星座

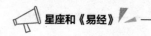

2. 神话与浪漫——符号化的星座文化

星座本身作为一种唯心主义的东西，在倡导唯物主义思想的中国大陆地区，其可信度本应受到质疑，传播的力量也应该受到多重阻碍和约束，但事实并非如此。星座披上了娱乐的外衣，以一种文化的形式在年轻人群体中迅速传播扩散开来。

同样是按照时间来划分所属符号的文化，生肖是按照中国传统的农历年份来划分，一个生肖符号代表农历一年。但是现在中国通用的公历记日方法主要依据西方的格里历，这就给使用农历来记事的符号文化在传播上带来了不便。星座则适用于中国内地现行通用的历法，而且主要以月份为划分的依据，这种历法使用的便利使得星座在传播上比生肖更为通用。

另一方面，代表生肖属相的符号大多数为农畜动物，生肖文化主要源自农业文明时代，古人对为农畜业有着重要影响和贡献的禽畜动物的一种祭祀与纪念，原本披着的那层神秘面纱早已被科学揭下。特别是在20世纪六七十年代历经"文革"洗礼之后，旧学几无残存，占星看相命理等具迷信色彩的知识遭到禁止。如今以生肖为代表的文化符号，其意义更多只是作为一种纪念和娱乐，这为从西方引进星座文化提供了生存空间。

3. 商业化的奇迹

中国内地实行改革开放的政策，在西方文化的冲击下，除了大量吸收国外的科学文化知识和技术，占星术这种对中国人来说既十分新鲜又与传统的阴阳八卦学说类似的"方术"也侵入中国。

不过不同于西方原本复杂的占星术，在大众媒体的创造性地传播和商业利润的刺激下，占星术变得更加平民化和大众化，这就是现今的星座文化。因此，中国的星座文化并不是将西方星相学原原本本嫁接过来，而是大众媒介加工之后的结果，其中最重要的一环，就是附带上了商业元素。

1.3.1　星座的社会认同度

天上的星座及其名称可以说是一种独特的文化现象。由于恒星位置的相对固定，它们本身在天空就构成了一套潜在的符号系统，星座则是通过我们的划分和命名将其具体化了。中国古代的三垣二十八宿传统星官体系共有 283 星官，在晋朝就定型，一直沿用到清代封建王朝覆亡；而西方和现代则是以古希腊托勒密时代星座为主体在历史演变中形成了 88 星座体系。我们前面说过，脱胎于天文的黄道十二星座对应的就是西方占星术的黄道十二宫，它们只具备占星术的意义。因其特殊位置和作用，在隋朝时就随佛教传入中国。当时的翻译也比较特别，也许更能让我们体会出黄道十二星座的符号意义。

白羊译为特羊（特羊指的就是"公"羊）；金牛译为止（止在中文里有"足"的意思）；双子译为男女或者阴阳（也可能是把双子的两个小人看错性别了）；巨蟹和狮子都是直译的；室女译为双女（意思是长了双翅的女子）；天秤译为秤，天蝎译为蝎，也基本上都是直译；射手译为弓（突出了弓箭的作用）；摩羯译为摩竭是唯一的音译，后来改为羯（一种被阉割过的羊）；宝瓶译为水器；双鱼译为鱼。看得出，开始的引进并没有"加料"，后来添加的东西，得益于中国商业社会的大发展。

国内民众有多么关心星座呢？新浪网的一项调查显示：47.5%的人经常关注星座，29.7%的人觉得星座有意思，只有1.48%的人对星座不太感兴趣。虽然都说是抱着娱乐的态度，但是，接近80%的人对星座感兴趣，就足以说明它的热烈程度了。

中国的星座学说移植了西方星相学中十二宫的框架，并对应十二个阶段的产生日期，抽取太阳星座的概念，用最简单直白的形容词来定位和表述十二星座的人格特质、风格特点、个人喜好等，最终将十二星座符号化为一套完整的文化体系。星座学说还有更高阶层的体系，囊括太阳星座、月亮星座、上升星座、十二宫、宫位、相位等完整的理论。

星座文化在国内的迅速传播，符合传播学中的创新扩散理论。该理论认为创新扩散传播要包括四个元素：创新、时间、传播渠道和社会系统。

创新是指一种新思想、新产品、新服务或新过程。扩散是指创新通过一段时间，经由特定的渠道，在某一社会团体成员中传播的过程，它是一种特殊型的传播。扩散研究则是社会中创新成果是怎样为人知晓并能在社会体系中得到推广的研究。一般只要被采用者认为是新观念、新的行为方式或事物都可称为创新。星座文化源于西方，对中国人来说是一种新事物、一种新观念，属于创新，具备了扩散的条件。

星座文化传入国内的时间，应该是改革开放初的1978年和1979年，改革开放使中国的物质和精神国门被打开，各种新思想、新事物被引进中国。在最早"侵入"的港台文化的反哺过程中，星座学说的介绍者、引导者和改造生产者以及影视明星等对星座文化的传播起到了开启和促进作用，并成为星座文化的早期采用者。

20世纪90年代后，大众媒介慢慢找到了星相学的普适性、适应性内容和改良推广的方法，开始挖掘这一文化现象背后的经济效益。将星座与日常生活紧密结合起来，无孔不入地深入受众生活的方方面面（图 1.20）。

图 1.20　从饰品到日用品，星座产品应有尽有，琳琅满目

新世纪来临后，伴随网络媒体的迅速崛起，网络中星座迷群体迅速集结并开始交流，星座文化抓住了青年受众群体，如大学生、白领阶层等，他们追星、追随偶像，对新鲜事物容易接受，成为星座文化的追随者。

说到星座文化扩散的社会系统。创新扩散理论指出，创新之所以可以得到扩散，依赖大环境的存在。星座文化在中国扩散的社会系统可以从经济环境和人文环境两方面来看。

从经济环境来看，20 世纪 90 年代，中国社会经历了前所未有的结构性转型，以经济建设为中心的主流话语支配了社会生活和它的发展方向，也为商业文化的生长、发展提供了空间和合法性。星座文化历史悠久、兼容性广、娱乐性强，而且带有一种西方神秘的色彩，契合了商业文化的特征，它能够被迅速传递、广泛复制，从而赢取巨大的经济利益。为了赢得消费者，星座文化挖掘了人性中更深层次和更丰富的内容，在商业利益的驱使下，推广着一套星座与个性相关的信念，促使星座—个性—标志产品的心理联结，从而促进了星座产品的热销。如今有星座标志的产品琳琅满目，矿泉水、配饰、手机、家具，甚至连餐巾纸上都印有星座信息，各种休闲娱乐场所更是将星座文化打造为休闲的一大亮点，从而获得消费者的青睐。

从人文环境来看，中国一些根深蒂固的传统观念是星座文化在中国扩散的内部原因。一方面，星相学与中国传统的金、木、水、火、土五行学说极为相似，只是推算方法不同而已。五行学说在中国已经打下了深刻的文化烙印，这使得星座文化在中国的扩散传播也有了浓厚的文化基础。另一方面，"尊天认命"可以说是国人的传统心态，中国人的人生与生活，似乎与"天"和"命"难辨难分，社会传统文化的浸润，已经潜移默化地影响到个人的心理，尤其当他们遇到挫折和失败、寻求心理慰藉的时候，星座文化正好为他们提供了这种心理需求。

1.3.2　特殊群体

星座文化之所以能迅速流行，一个是因为它代表了一种社会时尚；另一个就是它遇到了大学生这样一个特殊的群体。

在社会心理学领域，时尚和流行作为集群行为研究历来受到广泛的关注，时尚是指一定时期内相当多的人对特定的趣味、语言、思想和行为等各种模型或标本的随从和追求。时尚是社会上占有一定地位、金钱和闲暇时间的人对自己地位的一种显示和夸耀。时尚受社会文化的制约。民主社会有助于时尚的形成，两种社会形态交错的场合也容易形成时尚。在商业文化的推动下，现代交通和大众传媒的快速发展，也为时尚的传播提供了可能性。此外，时尚还要有一定的经济基础，所以时尚也是物质比较富裕社会的一种社会现象。因此，都市时尚必先于农村，中心城市必然优于偏远城市。繁华都市范围大、人口多、工商业发达、大众媒体发达、人们思想比较开放，时尚传播就比较迅速；反之，农村或偏远城市，生活比较保守、风俗传统力量较大、外界信息输入较少，时尚的传播就比较慢。

青年期是一个特殊的时期，青年智力和情绪的发展，思维和心理发展都有着自己的特点，青年是流行时尚的主体，又是传媒影响的主要客体，所以青年期对于时尚的追求是不可避免的。青年期受生理、心理和社会三个因素的综合影响，在生物性和社会性的成熟方面，由儿童向成人的过渡期，是个体向心发展的成熟期，是走向独立生活的时期，是一个人开始独立决定自己生活道路的时期。

发展心理学理论表明，青年面临的主要发展障碍是获得自我认同感——对于"我是谁""我在社会中处于何处""我将要去向何方"的稳固和连贯知觉。由于当今社会多元化和教育的普及化，青年要自由选择职业、朋友和恋爱对象，在父母的期待和同伴的压力下，他们感触到的多是困惑和迷失。所以克服青年发展的心理障碍，成功实现自我统合，对于个体一生的成长都至关重要。

大学生处于心理迅速发展并日益成熟的阶段，星座文化恰恰满足了他们关注自我、人际交往、缓解压力和对未来好奇探索的特点，再加上大学生思维尚未成熟，所以星座在大学校园里广为传播，据调查90%以上的大学生都知道他们所属的星座。研究表明，大学生接触星座文化，有其外部因素和内部因素，其外部因素主要是社会环境及自身生活环境的影响，内部因素则主要是大学生自身的心理发展特点。

1. 大学生接触星座文化的动机

大学生接触星座文化主要是为了认识性格、爱情、职业、财运、健康等。他们可以分为四种类型：人际实用型、好奇探索型、群体影响型、消遣娱乐型。

（1）人际实用型

基于人际交往或其他实用目的而接触星座文化的大学生，他们认为通过星座描述可以帮助自己更好地了解周围的人，从而更好与别人交往和相处。人际实用型的星座文化接触者多是有着确定的目的，他

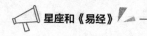

们有自己的主见，然后自主去接触星座文化中的特定的内容，而对于那些不实用的星座文化相关内容则很少关注。

（2）好奇探索型

大学生精力充沛，他们对这个世界充满好奇，容易对新鲜的事物产生浓厚的兴趣，表现出强烈的求知欲和认知兴趣。当代大学生的兴趣具有个性化、感性化和边缘化的特点，感觉那些形象和说法"很好玩"，或者想证实星座描述到底准不准确而接触星座文化。

（3）群体影响型

周围朋友和人际渠道对大学生接触星座文化有着重要的影响，大学生接触星座文化在一定程度上是因为周围群体中一些潜在流行的影响。他们想跟上时代潮流；具备一定程度的从众心理，从而可以获得一种群体的归属感和认同感，避免让人觉得自己越来越不合群。

（4）消遣娱乐型

娱乐和游戏是人的天性，人们需要一种轻松的活动来对工作劳动进行调剂和补偿，并在二者的良好协调中完成生存的整体需求。青年人追逐时尚娱乐已经成为显示他们社会身份和人格的重要特征。大学生是青年中最敏感、最活跃的群体，所以当代大学生的文化时尚往往处在社会文化的最前沿。

不管他们属于哪一种类型，在这些人中间，星座其实已经成为他们表现自己个性特色的一种符号，它只是大学生群体内部互动时的一种工具，而不具备像性格描述或运程预测这样的原始意义。接触星座文化就像接触网络游戏和流行歌曲一样，只不过是大学生娱乐消遣的众多方式之一。

2. 大学生接触星座文化的态度

按照态度三元素理论，把态度还原为三个维度，即认知、情感情绪和行为意向。下面分析一下大学生接触星座文化的态度。

（1）感性大于理性

众多的调查结果显示，在态度的三个维度中，不管是男生还是女生，情感维度得分都远远高于认知和行为维度。这种态度结构显示大学生对星座文化在情感情绪这个维度上是最为稳定的，同时也是最为积极的，但这种积极的情感并非就是建立在充分认知的基础上，而且也不一定就会随之产生相应的行为意向。即大学生虽然对星座文化极感兴趣，但并不会让星座成为自己生活的主导，他们只是觉得星座文化挺好玩，有事没事总爱去星座网站看看运程，做做测试，但是仅仅把它作为一种娱乐，很少会按照星座指示来做事。

（2）情感反应处于经验层级

大学生对星座文化的态度，应该属于经验层级，他们只是出于各种目的而对星座文化抱有积极的情感，或许也会有某种行为意向，但这一切并非建立在充分认知的基础上，相反，相当多的大学生对星座文化并不了解，这也是当代大学生追求流行时尚的一个突出表现，他们会爱上一种时尚，但其实并不了解它。

（3）星座文化的盲目性接触

大多数大学生认为星座预测准确主要是人们的自我心理暗示在起作用，但是也有部分被调查者认为是因为星座本身有一定的合理性；在星座预测不准确时，被调查者给出的答案中最多的是"凡事都有特例"，其次是回避问题选择"说不清楚"。这个结果显示了大学生接触星座文化的盲目性。

（4）盲目之中带有理性色彩

星座文化接触者大多认为星座对未来运程的预测没有道理可言，但是对人们性格的描述却是比较准确并且具有一定的价值。调查结果也显示如此。这也说明大学生并非一味盲目地接触星座文化，而是有自己的选择和理解的，他们认为星座文化可以帮助自己更好地认识自

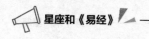
我和周围的朋友。

也就是说，大学生对星座文化所持的态度主要保持在情感维度，在行为维度上得分是最低的，说明大学生对星座文化的兴趣很难影响到行为层面，表明了大学生其实在自己心中有一杆秤，他们在对星座文化的盲目接触中也保持着理性的底线，很少会让星座真正指导自己的现实生活。

总之，大学生对星座文化所持的态度是模糊的、盲目的，他们对星座文化没有太多的了解，但是在情感维度上却表现出相当大的兴趣。这表明星座文化已经成为大学生中的一种时尚流行符号，其象征意义远大于实际意义。

3. 大学生接触星座的影响因素

经过问卷、访谈等形式，认识到涉及大学生接触星座文化的影响因素包括：地域、生源地、性别、年龄、年级、政治面貌、宗教信仰、接触时间、接触频度等。具备比较价值的倾向包括：

女生比男生对星座文化更感兴趣；

所生活的城市都市化水平越高，越容易对星座文化感兴趣；

大二和大四学生比大一和大三学生对星座文化更感兴趣；

浏览星座网站的频度与大学生对星座文化的兴趣相关；

党员和团员对星座文化比其他人更不感兴趣；

接触星座文化时间长短与对星座文化的兴趣无关。

整体来看，大学生对星相学的态度是模糊的。对所谓的星座文化远没达到笃信的程度，而只是停留在好玩、消遣的程度上。所以，星座迷恋在大学生中的流行可以视作是这个特殊群体的亚文化表现，而大学生群体的心理因素和他们所处的社会环境及中国的传统文化都在这个现象的形成中起到了一定作用。

4. 特殊群体现象的社会学与社会心理学原因

我们认识到星座文化在大学生之中的流行绝不是偶然的。它是具有青年群体特有特点的一种文化现象，又受到个人心理和社会心理、社会环境以及社会文化等因素的共同作用，才得以形成。

（1）心理特点决定了星座文化在大学生群体中的流行

观察星座文化可以发现，它基本上是青年人群体所特有的一种文化现象，属于青年人所独有，极少发现有中老年人加入其中。青年文化是现代大工业社会的产物，是青年在参与各种社会活动时由其特殊的行为方式所体现出的独特的价值判断、人格倾向、审美情趣及思考方式的概括。

青年是新生的一代，比老一代思维活跃，对事物有新奇感，不愿墨守成规，总是以自己的眼光看待传统和现代社会，从自己的角度出发提出与众不同的主张。青年文化的叛逆性的主要表现之一就是其所具有的情绪性。青年心理和生理的不成熟决定了他们容易感情用事，这是青年非理性冲动的根源，反映在文化上，就是青年文化的情绪性。这种文化上的情绪性的表现即为青年时尚的兴起。由于星座文化在大学生这个群体里十分流行，我们也可以视其为一种大学生特有的青年时尚。青年时尚所蕴含的文化，是一种随时代变迁而不断演变的价值观。青年时尚之所以流行，与青年本身的主观条件和心理因素密切相关。而对于个体来说，心理因素往往起着决定性的作用。

流行是青年人创造的。说明了青年本身在时尚的制造与流行中的地位与作用。青年群体由于其生理与心理的固有特征，对时尚有着本能的敏感、先天的爱好与急切的追求。

青年作为身心尚不完全成熟的社会群体，特别急于模仿社会上或自己周围的人群中那些正在流行的生活方式、行为方式，以求得社会的认同，适应迅速变化的社会生活，获得安全感，从而达到心理上的

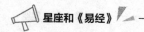

平衡。青年的从众模仿心理，即"求同于人"的心理，是青年时尚流行的重要的心理条件。青年人的未确定性也决定了他们这一群体要追求确定的东西。大学生的地位是临时的，他们对新事物好奇、心理发展还不成熟、前途未卜、未来空白，在社会上还没有一个稳定的地位，这样的特征就决定了他们对待星座文化的态度。由于在中国没有一个像在西方国家那样占统治地位的宗教，而大学生的心理正处在一个需要引导的时期，其社会地位的临时性决定了他们处在角色混淆的阶段，对自身和社会充满了各个方面的困惑，所以，他们希望确定性的东西，而星座预测则正好符合了他们在这个时期的特殊的心理需求。康德（见图1.21）曾经说过："我一定要给信仰留一块地盘。"这种心理上的需求是人人都会有的，只是在个人一生不同的发展阶段表现不同罢了。

图1.21 康德，启蒙运动时期最重要的思想家之一，德国古典哲学的创始人。他从哲学的观点出发，定性地推出了关于太阳系起源的星云假说

（2）对自身行为的合理化

星座预测的各方面的特征，可以判定它应该属于一种现代迷信。这种超自然的神秘文化在人类思想的某个领域始终保存，不分种族、

不分国家，人人都或多或少有此需求。个人所受的教育程度的多少只能对个体的迷信表现程度有所影响。人们之所以相信一些神秘文化，也多是基于此种心理需求，即需要找些理由把自己的行为合理化，对于大学生群体，他们对于星座预测的或多或少的迷信，也有出于此原因的，但同时由于大学生群体的特殊性，又有他们自己的特点。

①遇到失败或挫折后，把自己行为合法化、合理化，以求得自我心理安慰。人由于社会规范的约束而不得不压抑自己的一些欲望，由于社会条件的局限或本身能力的不足而行为失败，应当说是极其普遍的。然而，人们并不愿意直接承认自己的失败或无能，于是，就具有了心理自我防御机制。合理化作用便是这种机制的主要形式之一。所谓合理化作用，是指当人的某种愿望不能得到满足或是某件事情没有做成功时，会自觉不自觉地用某些合理的理由为自己的失败或无能进行辩解，以求得心理的平衡。常常听到有人在遭受挫折时感叹"自己运气不好""命里注定"，就是这种心理防御机制在起作用，他们期待冥冥中有一个人所不能控制的所谓的"命运"来把他们所受到的挫折给出合理合法的解释。

②把星座预测与自己的理想相结合，用这些说法使自己为了实现理想的行为找到一个合理化的依据。或者说，年轻的大学生是在为自己的梦想而努力，在这样一个寻梦的过程中，尤其是对于那些追求一些目标却又信心不足的人来说，星座预测给了这类人一种精神和心理上的支撑和行为依据。那么我们也可以这样认为，这种行为在某种意义上又不完全是迷信，而是一种自我实现、自我预言、自我印证，它强化了目标意识，使个人会更努力地朝他的理想迈进。

③青年大学生在今后的生活、学习、爱情、工作等各个方面均还是个未知数，所以他们追求一些确定的东西，希望可以对自己的未来了解、掌握。而青年人特有的好奇、追求新事物的行为也会在星座预

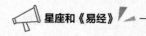

测中找到其合理的解释。

（3）自我暗示导致一些人认为星座预测结果准确

从社会心理学的角度分析，之所以有一部分人认为这种预测是准确的，与其自身的自我心理暗示是分不开的。就是说，在看了星座预测的分析后，人在不知不觉中接受了它所带给个人的心理暗示，这种暗示可能会导致人在行动时不自觉地按预测结果去做，于是人的行为的结果就与预测的结果相符了，也就导致人们更加相信它，下一次还倾向于迷信行为的反复，而这类行为的一再反复就会导致人们越来越相信它，最后就会达到社会心理学中所说的态度改变的角色扮演的效果。

不可否认，在预测的结果与自身的经历偶有巧合时，我们会惊叹于结果的准确，并形成强烈的心理刺激，使人记忆深刻。反之，当出现不准确的结果时，人们则会表现出很容易就忘记这样的结果的倾向，这在社会心理学中也已有实验验证过。这也是一些人认为"它的预测准确"的原因。女孩认为星座预测"准"和"比较准"，可能是因为女生认识问题较之男生更感性，更容易接受自我心理暗示所致。社会心理学认为，当人们经常重复一种行为而又不断被肯定后，就更倾向于继续做下去。那么可以说，女生整体中的这种倾向也会导致女生比男生更容易相信星座预测的结果。

（4）受中国传统文化心态的潜移默化的影响

中国人的人生与生活，似乎已与"天"和"命"难解难分。大学生虽然认为自己不相信命运，但二十几年的社会传统文化教育的浸润已经潜移默化地影响到个人的心理，尤其是当他们遇到挫折、失败的时候。所以在他们去寻求心理慰藉时，就会去相信离他们最近的预测（并且还是一种不同于主流文化的新鲜东西，这就更符合青年人的心理需要）——星座预测。因为在中国，长期以来对封建迷信的反对已经使大学生离看相、算命有些遥远了。

（5）社会的变革和社会环境也对人们的心理产生巨大的影响

我国正处在社会大变动时期，社会失范现象较为普遍地存在。社会失范又必然带来人们思想观念及其外在行为表现的多元化，造成各类越轨行为明显增多。而大学生本身在各方面都还不够成熟，因此可能会由于对社会大变动的不适应、对原有观念的怀疑而产生心理上的迷惘。他们需要另外的观念来填补其内心的空缺，以获得精神寄托，并需要用它来解释自己不能根据以往的价值体系加以解释的种种新出现的社会现象。而星座预测又是唾手可得的，于是大学生便把它纳入自己的价值体系之中。从深层文化心理上看，我们缺少近现代科学文化的传统，是一个重要原因。一方面，在社会经济转型过程中，一些人对巨大的社会变革缺乏科学的认识，感到难以掌握自己的命运，从而祈求某种神灵的保佑；另一方面，在我们的传统文化中，深藏着许多迷信思想，可以作为习惯的心灵慰藉。

1.3.3　星座文化存在的理由

在社会转型时期，不少人的生活可能会发生巨大的改变，他们对自己的所属阶层与人生归向产生怀疑，特别是当他们遭遇挫折或失败的时候，星座文化正好为他们提供了寻求心理慰藉的这种心理需求。

1. 星座是人类对自我属性的认识与归类

齐美尔（见图 1.22）在研究人的个性时，区分了两种个人主义：量的个人主义和质的个人主义。量的个人主义是由社会关系的总和决定的，也就是说，作为社会学的个性是由社会角色的总和决定的；质的个人主义，是从人类学的角度来解释个性的产生。作为社会学的先验，个人从未完全融化到社会化的过程中，个人的唯一性的残余总是必然依旧留在社会之外，它不受社会因素的制约。

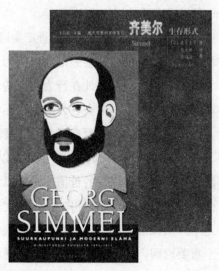

图 1.22　齐美尔

　　根据齐美尔关于量的个人主义的论述，人类在社会中的交往行为实际上就是在社会交往活动中寻找到某种社会群体认同。齐美尔关于质的个人主义的阐释，实际上也可以用来分析人类是如何确定自我归属的。

　　星座预测是根据出生日期对人类的性格进行归类，人类的个性是按照出生时间来进行规范的，那些相信星座预测的人可能会在日常的生活和行为中，自觉或不自觉地受到自己星座所阐述内容的影响，可能会在潜移默化中加深或者放大被阐述的星座性格特征，从而验证了这种星座预测的可靠性，进一步被吸引到星座学说当中。

　　2. 星座文化是人类对未来不确定性的自我安慰

　　现实生活中，人们对于自己未来命运的发展充满了不确定性，人们特别需要从外界得到安慰和鼓励。这时候，星座就变成了心理安慰的膏药（哪儿不舒服就贴在哪儿），但这种做法从本质上来看，根本无异于"问道于盲"。

　　所有那些应验了的占卜预言，要么本身就是模棱两可的，本来就可以作多重解释；要么就是有人在其中做了某些"手脚"，还有的一些则是本该如此，因为概率决定了事件的发生与否。通过对星座预测中人类性格的描述做话语分析，可以看出，相对于动词和名词，星座文化中用到的更多的是形容词，例如，双子座能言善辩，射手座活泼，狮子座骄傲等。形容词有一个度的问题，这正是其最难把握的一点，很难确定究竟哪一种对某个形容词的解释才是最准确符合其原来意义的。星座实际上挑战和利用的是人类心理的这种不确定性。

3. 星座文化已经演变成一种生活方式

　　2010 年中国科学技术协会的第八次中国公民科学素养调查显示，具备基本科学素养的公民比例达到了 3.27%。这基本上相当于 1991 年的日本（3%）、1989 年的加拿大（4%）和 1992 年的欧盟（5%）的水平。到 2015 年我国具备科学素质的公民比例达到了 6.20%，比 2010 年的 3.27% 提高了近 90%，缩小了与西方主要发达国家的差距。其中，上海、北京和天津的公民科学素质水平分别为 18.71%、17.56% 和 12.00%，位居全国前三位，分别达到美国和欧洲世纪之交的水平。到了 2018 年我国的第十次中国公民科学素养调查显示，具备基本科学素养的公民比例达到了 8.47%，比 2015 年的 6.20% 提高 2.27 个百分点，为完成《国民经济和社会发展第十三个五年规划纲要》中 2020 年"公民具备科学素质的比例超过 10%"的目标奠定了坚实基础。伴随着星座文化在商业化传播活动中不断发展，星座文化已经成为社会生活的热门话题，受到越来越多的关注与讨论。在当今的星座文化传播活动中，商业色彩逐渐占据主流，传统的封建迷信占卜色彩逐渐弱化，在这样的过程中，星座文化将随着其商业化传播形成一次又一次的星座文化热潮，而星座文化中占卜、转运等狭隘的非科学思想将不可避免地对其重度迷恋者形成相当严重的心理暗示和负面影响。这样的结果，一方面将

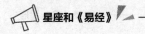

阻碍人们科学素养的提高，另一方面当人们对星座文化产生认同的时候，对健康文化和知识的感知与认同将逐渐淡化。当星座文化进入商业化模式之后，大工业式的高强度传播活动将影响人们对健康文化的接受。为了避免非科学的文化对健康文化冲击的局面，所谓的星座文化应当更让它集中于其娱乐属性。

第 2 章

《易经》

有人为中华文明总结出了三个特点，说是三个唯一：第一，最早的"六大古代文明（见图 2.1）"中，唯一存留下来延续至今的；第二，在延续至今的文明中，中华文明是唯一没有信仰的；第三，在没有信仰的文明中，唯一具有世界性的。

图 2.1 六大古代文明

　　人类文明大概有七千年历史，最早的文明都是直接从原始社会产生的，所以称为"古代文明"，包括两河（苏美尔）文明、古埃及文明、印度河（哈拉巴）文明、米诺斯（克里特岛）文明、华夏文明和奥尔梅克文明。其中最古老的文明是古埃及文明和两河文明，它们都发生在五千多年以前。大约一千年后，印度河文明在印度河流域出现。又过了五百到八百年，米诺斯和华夏（中华）文明出现。而人类早期最后一个古文明是奥尔梅克文明（玛雅文明前身）。

　　我们都知道四大文明古国（古埃及、古印度、古巴比伦和古代中国），它们均来自六大古代文明的发源地。关于文明的延续，在原始的六大古代文明之后，是称为古典文明的第二代文明，包括印度、玛雅、希腊、波斯、罗马、拜占庭、日本、阿拉伯、俄罗斯；再接下来是第三代，称为现代文明。

　　说到世界性的文明就是中华文明、伊斯兰文明和西方现代文明了。伊斯兰文明信仰真主，西方人信"上帝"，我们信仰什么？

　　那就首先要问问：什么是信仰？答案是：对超自然、超世俗之存在坚定不移的相信，比如上帝或真主。这样的存在，不属于自然界，不能靠科学实验来证明；也不属于人类社会，不能靠日常经验来证明；是一种信念、一种精神、一种坚持。

　　常听人们感叹：中国人没有宗教信仰，觉得很可怕。其实从古到今在汉人的血液中一直融有一种无形的信仰——天道。我们敬畏着我们心里的老天爷。我们知天命，信天理，希望做天之骄子；相信做了伤天害理的事会天怒人怨，遭天谴。汉族是世界上少见的以主张天下为公，以天下兴亡匹夫有责为己任的民族。我们能先天下之忧而忧，后天下之乐而乐。我们的生活目标：修身、齐家、治国、平天下。

　　天道，"天意难违"，"奉天承运"，然而，"天意高难问，人情老易悲"，"天道远，人道迩"。天授权，可接下来还是要看民意。以人为本，以德治国，以礼维序，以乐致和，中国（传统）文化中的这种人道重于天道的倾向是以儒家伦理学说为主体而构建起来的。传统文化中"四书五经"是精华所在，而其中的《易经》更是一本伟大的哲学著作。起到了中华文明的奠基作用，被尊称为天下第一经。

2.1　四书五经是中华文明的基础

在众多文明之中，唯有中华文明能够绵延数千年不断。原因很多，最能让人体会到的有以下四点。

首先，中国所处的特殊地理条件为中国人提供了相对隔绝的生存环境。在中国的北方是人迹罕至的沙漠荒原；西部、西南部是不可逾越的崇山峻岭；东部、东南部是浩瀚的大海。这样的地理环境就像一个巨大的摇篮（见图2.2），保护着中华文明绝少受到异域文明的干扰和威胁，为中华文明的延续提供了客观的有利条件。

其次，中华文明具有强大的引领力和同化力。古代中国被周围各族视为"礼仪之邦""天朝上国"，一直是邻国所学习的榜样，诸如日本、朝鲜等国受中华文明影响之深自是毋庸言表。

再次，中华文明具有强大的融合力。在中国文化发展的过程中，不断吸收和融汇周边匈奴、鲜卑、契丹、突厥等民族的文化，将其统摄、融合于中华文化的血脉中。正是由于这种强大的融合力，才使中国文化不断地增添新的内容，生生不息。

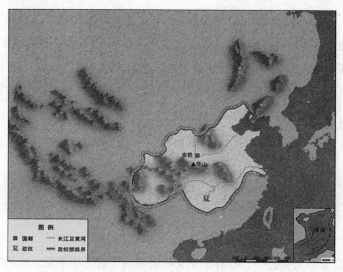

图 2.2　夏朝地域图

最后，中华文化的自豪感直接造成了中华民族群体的向心力与归属感。在西周时期，中华先民产生了"非我族类，其心必异"的文化心理特质上的自我确认观念。苏武牧羊、文天祥"不指南方不肯休"、土尔扈特回归（图 2.3）……无不是中国文化强大向心力、凝聚力的证明。这种凝聚力，是中国文化强劲生命力的源泉和保证。

图 2.3　文天祥

2.1.1 中华传统文化的根基

三横一竖谓之"王"。三者，天、地、人；而一竖贯通三横，王也。所以远古时候的王就是能沟通天地和凡人的人（能够识星星、看天象），如在四川广汉三星堆中出土的铜人大祭祀师，他最引人注目的地方就是他的纵目，也就是有一双大而突出的眼睛（方便认星）。王就是掌握了天文和地理知识的人，所以知识就是力量一点也没错。但王的知识是不能分享的，分享了就天下大乱了（古代中国天文学一直是由皇家所垄断的）。王就要以天的秩序来建立天下的秩序，这就有了王道对天道的解读。

《吕氏春秋·慎势》：古之王者，择天下之中而立国，择国之中而立宫，择宫之中而立庙。

西周早期青铜器的铭文里我们看到，当时就是把"天下之中"这块土地，叫中域或者叫中国。"中"的观念是怎么来的？是和天文有关。天文学观象授时、确定方位主要是看恒星，但是夜晚的时候看恒星，白天呢？白天也有一颗很大的恒星，就是太阳。但是看太阳不是一件很容易的事情，太阳升到一定的地平高度以后，它很亮，一般人眼睛受不了，怎么办？古人很聪明，发明了一种测量太阳影子的表，不是直接看太阳，而是看太阳的影子（见图 2.4）。

因为太阳在天上，东升西落会有一个角度的变化，它所投到地下的影子也会随之变化，所以人们根据一天日影的变化，就可以确定白天时间的早晚；而一年中太阳的影子也有一个长短的变化，比如，在夏至这一天，太阳直射，北回归线上有影子吗？没有。那时的太阳最高，其他各地太阳的影子也是最短的。人们在根据影子角度的变化确定早晚的时间后，再找出它们方位相等的点（方向）来，南北点就确定了，也就找到了"子午线"。得到东西南北四个方向，而表所在的位置，就是中央，就是天下之中。据说"中国"的称呼就是这样来的。

图 2.4　测量太阳影子的长度

与世界其他的传统文化起源于宗教不同，中国的传统文化绝大多数来源于农事。在这种浓厚的"重农"氛围中，几千年近乎凝滞不变的生态铸就了中国人注重实际稳定的文化心态，培养了一种朴实厚重的实用——经验理性，一种务实的精神取向。

与这种求稳定的心态相适应，中国文化把长久以至永恒当作价值判断的重要尺度。《周易》讲"可大可久之"；《中庸》讲"悠久成物"；《老子》讲"天长地久"，都是这种观念的典型表述。于是政治上追求长治久安，用品上追求经久耐用，宗教上追求长生不老，种族上追求绵延永续等，强调了中国文化中追求稳定、实际的特征。

中国的社会构成是由家庭而家族，由家族而宗族，由宗族而社区（会），由社区而国家，形成并保持了一种家国一体的格局，宗法关系深深地渗透到社会生活的各个层面以及文化的各个角度。在宗族内，每个人都不被看作独立的个体，而是被重重包围在宗法血缘的群体里。因此，群体的利益高于一切，每个人首先要考虑的，只是自己的特定角色所应承担的责任和义务。对宗族的、对于整体的，从而自然引申为对于种族的、对于社会的、对于国家的责任和义务。这样就很容易在人道亲亲的基础上引申出关于社会、国家的所谓合理秩序。在这种秩序上，个人被置于从属的、被支配的地位。个人的一切服从于整体，这样才能把整个社会整合起来，统一起来。于是，在政治领域，倡言大同理想；在社会领域，强调个人、家庭与国家不可分，倡导保家卫国；在文化领域，提倡持中贵和；在军事领域，遵循的是统筹全局的基本战略；在伦理领域，标榜舍小家为大家，必要时不惜牺牲个人和局部利益而维护整体利益的价值取向。

将重整体的观念落到实践上就需要做到协同。要使庞大复杂的社会，无数心性相异的个人，凝聚为一个有机的整体，贯彻一种整体的秩序，就必须在价值取向、思维方式和心理结构等方面使人们普遍互相认同，具备高度协同的道德与精神素质，并使之外化为具体的协调性行为。作为中国文化之主体的儒家思想，从精神文化方面满足了这种需求。孔子曰："和为贵。"孟子曰："天时不如地利，地利不如人和。"《礼记》更是讲："和也者，天下之达道也。"这一个"和"字，其实包摄了推己及人之忠恕之道；和而不同的君子风范；修齐治平的人生境界；民胞物与的豁达胸襟；天下一家的深厚情怀。这一个"和"字实在是中国文化协同思想的灵魂与核心。

孔子的儒学并不是孔子想象出来的东西。儒学是孔子对天道运行规律的一个解读。就如同通晓了天意的王从"天中"读出"天下之中"以立国一样，孔子从"天中"读出了凡人的行为规范——中庸。子曰："中也者，天下之本也，和也者，天下之达道也，致中和，天地位焉，万物化焉。"中庸：强调的是方法上的适度，原则上的不失其正，操作上的不走极端，执两用中。他立下了"君君，臣臣，父父，子子"的规矩；提倡"温，良，恭，俭，让"的做人原则。

孔子提出的儒学思想只解释了天道运行规律的一半，其对天道运行规律的另一半是儒家学派的另一个创始人孟子做出的，这才有了以后历史上孔孟并称的孔孟之道。也就是说，孔子提出了天道；孟子论述了天道的变化。从天的变化，孟子得出了"五百年必有王者兴"的观点。指出"得道多助，失道寡助"。所以，孟子的皇帝问他："（按照孔子的天道）臣弑其君可乎？"孟子曰："贼仁者谓之'贼'，贼义者谓之'残'。残贼之人谓之'一夫'。闻诛一夫纣矣，未闻弑君也。"孟子认为君贪得出了头就成了夫，独夫民贼人人得而诛之。汉代大儒董仲舒说："道源出于天，天不变，道也不变。知天命，受天命。"而孔子其实只说了："不知命，无以为君子。"孟子说的是："莫之为而为者，天也，莫之致而致者，命也。"

以老子为代表的道家也是中华文明的重要组成部分。他五千言的《道德经》告诉我们：人、家族和民族如何在自然中顺应天道的生存和繁衍之道。人和民族的根本问题是生息问题，老子从天道得出人的长存之道："……不敢为天下先""……以其不争，故天下莫能与之争"。

《道德经》谈的就是一个道：天人合一之道。老子先谈了天道，宇宙之道。再就谈了什么是适合天道的人道。人的存在有二要素：生存和繁衍。老子谈适合天道的人道又谈了二点：为了生存人与人如何相处；为了繁衍人自己又应该怎样去做。所以《道德经》是人持续生存和发展之经。他告诫世人："上善若水。水善利万物而不争。祸莫大于不知足，咎莫大于欲得。"

2.1.2 "四书五经"

中国古代有"四书五经"，其作用等同于基督教的《圣经》和伊斯兰教的《古兰经》。如果说今日学子不知"四书五经"为何物，恐怕会是件很难堪的事。我们只要谈到中国传统文化，必然得提到"四书五经"。"四书五经"是中国传统文化的重要组成部分，是儒家思想的核心载体，更是中国历史文化古籍中的宝典。儒家经典"四书五经"包含内容极其广泛、深刻，它在世界文化史、思想史上也具有极高的地位。

"四书五经"翔实地记载了中华民族思想文化发展史上最活跃时期的政治、军事、外交、文化等各方面的史实资料及影响中国文化几千年的孔孟重要哲学思想。历代科兴选仕，试卷命题必出自"四书五经"，足见其对为官从政之道、为人处世之道的重要程度。时至今日，"四书五经"所载内容及哲学思想仍对我们现代人具有积极的意义和极强的参考价值。"四书五经"在社会规范、人际交流、社会文化等方面都有着不可估量的影响，其影响播于海内外，福荫子孙万代。"四书五经"是延续中华文化的千古名篇，人类文明的共同遗产。

1. 四书

四书，是《大学》《中庸》《论语》《孟子》这四部著作的总称。据称它们分别出于早期儒家的四位代表性人物曾参、子思、孔子、孟子，所以称为"四子书"（也称"四子"），简称为"四书"。南宋光宗绍熙元年（1190 年），当时著名理学家朱熹在福建漳州将《大学》《论语》《孟子》《中庸》汇集到一起，作为一套经书刊刻问世。这位儒家大学者认为"先读《大学》，以定其规模；次读《论语》，以定其根本；次读《孟子》，以观其发越；次读《中庸》，以求古人之微妙处"。

《大学》原本是《礼记》中的一篇，在南宋前从未单独刊印。传为孔子弟子曾参（前 505—前 434）作。自唐代韩愈、李翱维护道统而推崇《大学》（与《中庸》），至北宋二程（程颢、程颐兄弟两个都是著名的哲学家、教育家）百般褒奖宣扬，甚至称"《大学》，孔氏之遗书而初学入德之门也"，再到南宋朱熹继承二程思想，便把《大学》从《礼记》中抽出来，与《论语》《孟子》《中庸》并列，到朱熹撰《四书章句集注》时，便成了"四书"之一。按朱熹和程颐的看法，《大学》是孔子及其门徒留下来的遗书，是儒学的入门读物。所以，朱熹把它列为"四书"

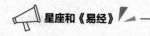

之首。

　　《中庸》原来也是《礼记》中的一篇，在南宋前从未单独刊印。一般认为它出于孔子的孙子子思（前483—前402）之手，《史记·孔子世家》称"子思作《中庸》"。自唐代韩愈、李翱维护道统而推崇《中庸》（与《大学》），至北宋二程百般褒奖宣扬，甚至认为《中庸》是"孔门传授心法"，再到南宋朱熹继承二程思想，便把《中庸》从《礼记》中抽出来，与《论语》《孟子》《大学》并列，到朱熹撰《四书章句集注》时，便成了"四书"之一。

　　《论语》是记载孔子及其学生言行的一部书。孔子（前551—前479），名丘，字仲尼，春秋时鲁国陬邑（今山东曲阜）人。儒家学派创始人，中国古代最著名的思想家、政治家、教育家，对中国思想文化的发展有极其深远的影响。《论语》成书于春秋战国之际，是孔子的学生及其再传学生所记录整理。《论语》涉及哲学、政治、经济、教育、文艺等诸多方面，内容非常丰富，是儒学最主要的经典。在表达上，《论语》语言精练而形象生动，是语录体散文的典范。在编排上，《论语》没有严格的编纂体例，每一条就是一章，集章为篇，篇、章之间并无紧密联系，只是大致归类，并有重复章节出现。

　　《孟子》是记载孟子及其学生言行的一部书。孟子（约前372—前289），名轲，字子舆，战国中期邹国（今山东邹县东南）人，离孔子的故乡曲阜不远。孟子是著名的思想家、政治家、教育家，孔子学说的继承者。到南宋孝宗时，朱熹编"四书"列入了《孟子》，正式把《孟子》提到了非常高的地位。元、明以后又成为科举考试的内容，更是读书人的必读书了。和孔子一样，孟子也曾带领学生游历魏、齐、宋、鲁、滕、薛等国，并一度担任过齐宣王的客卿。由于他的政治主张也与孔子的一样不被重用，所以便回到家乡聚徒讲学，与学生万章等人著书立说，"序《诗》《书》，述仲尼之意，作《孟子》七篇"。（《史记·孟子荀卿列传》）

赵岐在《孟子题辞》中把《孟子》与《论语》相比,认为《孟子》是"拟圣而作"。所以,尽管《汉书·艺文志》仅仅把《孟子》放在诸子略中,视为子书,但实际上在汉代人的心目中已经把它看作辅助"经书"的"传"书了。汉文帝把《论语》《孝经》《孟子》《尔雅》各置博士,便叫"传记博士"。到五代后蜀时,后蜀主孟昶命令人楷书十一经刻石,其中包括了《孟子》,这可能是《孟子》列入"经书"的开始。

2.五经

儒家本有六经:《诗经》《尚书》《仪礼》《乐经》《周易》《春秋》。秦始皇"焚书坑儒"(见图2.5),据说经秦火一炬,《乐经》从此失传,东汉在此基础上加上《论语》《孝经》,共七经;唐时加上《周礼》《礼记》《春秋公羊传》《春秋谷梁传》《尔雅》,共十二经;宋时加《孟子》,后有宋刻《十三经注疏》传世。《十三经》是儒家文化的基本著作,就传统观念而言,《周易》《诗经》《尚书》《仪礼》《春秋》谓之"经",《左传》《春秋公羊传》《春秋谷梁传》属于《春秋》经之"传",《礼记》《孝经》《论语》《孟子》均为'记',《尔雅》则是汉代经师的训诂之作。

五经是指:《周易》《尚书》《诗经》《礼记》《春秋》。

图2.5 秦始皇"焚书坑儒"

　　《周易》也称《易》或《易经》，列儒家经典之首。《周易》是占卜之书，其外层神秘，而内蕴的哲理至深至弘。作者应是筮官，经多人完成。内容广泛记录了西周社会的各个方面，包含史料价值、思想价值和文学价值。以前的人们对自然与人生变化规律的认识模式，从没有超越阴阳八卦的思维框架。相传龙马驮"河图"出现在黄河，上古圣人伏羲始作八卦；《史记》又称"盖文王拘，而演《周易》"（一说伏羲重卦，有说神农)，并作爻辞（或谓周公)；后至春秋，又有孔圣作"十翼"之说，世称"人更三圣，世历三古"（《汉书·艺文志》)。《周易》包括"经"和"传"两部分。"经"文由六十四卦卦象及相应的卦名、卦辞、爻名、爻辞等组成。"传"一共七种十篇，有"彖"上下篇，"象"上下篇，"文言""系辞"上下篇，"说卦""杂卦"和"序卦"。古人把这十篇"传"合称"十翼"，意指"传"是附属于"经"的羽翼，即用来解说"经"的内容。

　　《尚书》古时称《书》或《书经》，至汉称《尚书》。"尚"便是指"上"，"上古"。该书是古代最早的一部历史文献汇编，记载上起传说中的尧舜时代，下至东周（春秋中期)，约1500多年。其基本内容是古代帝王的文告和君臣谈话内容的记录，这说明作者应是史官。《史记·孔子世家》称孔子"序《书传》，上纪唐虞之际，下至秦缪，编次其事"，相传为孔子编定。《尚书》有两种传本，一种是《今文尚书》，一种是《古文尚书》，现通行的《十三经注疏》本，是今文尚书和古文尚书的合编。古时称赞人"饱读诗书"，"诗书"便是分别指《诗经》《尚书》。

　　《诗经》先秦称《诗》或《诗三百》，是中国第一本诗歌总集，汇集了从西周初年到春秋中期五百多年的诗歌三百零五篇，是西周初至春秋中期的诗歌总集。"古者《诗》三千余篇，及于孔子，去其重……"（《史记·孔子世家》)，据传为孔子编定。《诗》分"风""雅""颂"三部分，"风"为土风歌谣，"雅"为西周王畿的正声雅乐，"颂"为上层社会宗庙祭祀的舞曲歌辞。此书广泛反映了当时社会生活各方面，被誉为古代社会的人生百科全书，对后世影响深远。

《礼记》，战国到秦汉年间儒家学者解释说明经书《仪礼》的文章选集，"《礼记》只是解《仪礼》"（《朱子语类·卷八十七》），是一部儒家思想的资料汇编。《礼记》虽只是解说《仪礼》之书，但由于涉及面广，其影响乃超出了《周礼》《仪礼》。《礼记》有两种传本，一种是戴德所编，有85篇，今存40篇，称《大戴礼》；另一种，也便是我们现在所见的《礼记》，是戴德其侄戴圣选编的四十九篇，称《小戴礼记》。

《春秋》也称《左氏春秋》《春秋古文》《春秋左氏传》，古代编年体历史著作。《史记》称作者为春秋时左丘明，清代经学家认为系刘歆改编，现代认为是战国初年人据各国史料编成（又有说是鲁国历代史管所写）。它的取材范围包括了王室档案、鲁史策书、诸侯国史等。记事基本以《春秋》鲁十二公为次序，内容包括诸侯国之间的聘问、会盟、征伐、婚丧、篡弑等，对后世史学、文学都有重要影响。

3. 四书五经的经典名句

《大学》

大学之道，在明明德，在亲民，在止于至善。知止而后有定，定而后能静，静而后能安，安而后能虑，虑而后能得。物有本末，事有终始。知所先后，则近道矣。

物格而后知至，知至而后意诚，意诚而后心正，心正而后身修，身修而后家齐，家齐而后国治，国治而后天下平。

为人君，止于仁；为人臣，止于敬；为人子，止于孝；为人父，止于慈；与国人交，止于信。

《中庸》

天命之谓性，率性之谓道，修道之谓教。

博学之，审问之，慎思之，明辨之，笃行之。

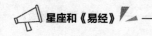

唯天下至诚，为能尽其性；能尽其性，则能尽人之性；能尽人之性，则能尽物之性；能尽物之性，则可以赞天地之化育；可以赞天地之化育，则可以与天地参矣。

《论语》

吾十有五而志于学，三十而立，四十而不惑，五十而知天命，六十而耳顺，七十而从心所欲，不逾矩。

知之者不如好之者，好之者不如乐之者。

益者三友，损者三友。友直，友谅，友多闻，益矣。友便辟，友善柔，友便佞，损矣。

《孟子》

以力服人者，非心服也，力不赡（充足）也；以德服人者，中心悦而诚服也。

鱼，我所欲也；熊掌，亦我所欲也。二者不可得兼，舍鱼而取熊掌者也。生，亦我所欲也；义，亦我所欲也。二者不可得兼，舍生而取义者也。

故天将降大任于斯人也，必先苦其心志，劳其筋骨，饿其体肤，空乏其身，行拂乱其所为，所以动心忍性，曾（增）益其所不能。

《尚书》

无稽之言勿听，弗询之谋勿庸。

直而温，宽而栗，刚而无虐，简而无傲。

惟事事，乃其有备，有备无患。

《礼记》

爱而知其恶，憎而知其善。

知为人子，然后可以为人父；知为人臣，然后可以为人君；知事人，然后能使人。

善歌者，使人继其声。善教者，使人继其志。

博闻强识而让，敦善行而不怠，谓之君子。（见图 2.6）

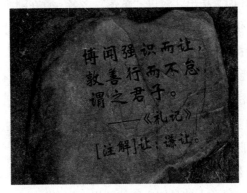

图 2.6　四书五经中的"句子"

《易经》

观乎天文，以察时变；观乎人文，以化成天下。

君子学以聚之，问以辩之，宽以居之，仁以行之。

时止则止，时行则行。动静不失其时，其道光明。

《春秋》

多行不义必自毙。

人谁无过？过而能改，善莫大焉。

居安思危，思则有备，有备无患。

《诗经》

蒹葭苍苍，白露为霜。所谓伊人，在水一方。

呦呦鹿鸣，食野之苹。我有嘉宾，鼓瑟吹笙。

秩秩斯干，幽幽南山。如竹苞矣，如松茂矣。

2.1.3　《黄帝内经》

《黄帝内经》又称《内经》，内容分《灵枢》《素问》两部分，是中国最早的典籍之一，也是中国传统医学四大经典之首（其余三者为《难

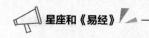
经》《伤寒杂病论》《神农本草经》)。相传为黄帝所作,因以为名。但据《淮南子·修务训》指出,冠以"黄帝"之名,意在溯源崇本,借以说明中国医药文化发祥之早。实非一时之言,亦非一人之手。

1. 理论精神

《黄帝内经》基本理论精神包括:整体观念、阴阳五行、藏象经络、病因病机、诊法治则、预防养生和运气学说等。

整体观念强调人体本身与自然界是一个整体,同时人体结构和各个部分都是彼此联系的。

阴阳五行是用来说明事物之间对立统一关系的理论,表现为人的身体和自然界,以及人的身体内部的"相生相克"。

藏象经络是以研究人体五脏六腑、十二经脉、奇经八脉等生理功能、病理变化及相互关系为主要内容的。

病因病机阐述了各种致病因素作用于人体后是否发病以及疾病发生和变化的内在机理。

诊法治则是中医认识和治疗疾病的基本原则。

预防养生系统地阐述了中医的养生学说,是养生防病经验的重要总结。

运气学说研究自然界气候对人体生理、病理的影响,并以此为依据,指导人们趋利避害。

历代医家用分类法对《黄帝内经》进行研究。各家的认识较为一致的是脏象(包括经络)、病机、诊法和治则四大学说。这四大学说是《黄帝内经》理论体系的主要内容。

2. 学术思想

《黄帝内经》接受了中国古代唯物的气—元论的哲学思想,将人看作整个物质世界的一部分,宇宙万物皆是由其原初物质"气"形成的。在"人与天地相参""与日月相应"的观念指导下,将人与自然紧密地联系在一起。

（1）"气"是宇宙万物的本原

老子在《道德经》云："有物混成，先天地生。寂兮寥兮，独立而不改，周行而不殆，可以为天下母。"认为构成世界的原初物质是形而上者的"道"。后人将这种原初物质称之为"气"。《黄帝内经》受这些学说的影响，也认为"气"是宇宙万物的本原，"太虚寥廓，肇基化元，万物资始，五运终天"。在天地未形成之先便有了气，充满太虚而运行不止，然后才生成宇宙万物。这其实是揭示天体演化及生物发生等自然法则。在宇宙形成之先，就是太虚。太虚之中充满着本元之气，这些气便是天地万物化生的开始。由于气的运动，从此便有了星河、七曜，有了阴阳寒暑，有了万物。阴阳五行的运动，总统着大地的运动变化和万物的发生与发展。

（2）人与自然的关系

《黄帝内经》认为人与自然息息相关，是相参相应的，自然界的运动变化无时无刻不对人体发生影响。《素问·宝命全形论》说："人以天地之气生，四时之法成。"人生天地之间，必须要依赖天地阴阳二气的运动和滋养才能生存。

人体的内环境必须与自然界这个外环境相协调、相一致，这就要求人对自然要有很强的适应性。《灵枢·五癃津液别》说："天暑衣厚则腠理开，故汗出。……天寒则腠理闭，气湿不行，水下留于膀胱，则为溺与气。"这显然是水液代谢方面对外环境的适应。人的脉象表现为春弦、夏洪、秋毛、冬石（见图 2.7），同样是由于人体气血对春夏秋冬不同气候变化所做出的适应性反应，以此达到与外环境的协调统一。如果人们违背了春生夏长秋收冬藏的养生之道，就有可能产生病变。就是一日之内、日夜之间，人体也会随天阳之气的盛衰而相应变化。如果违反了客观规律，也会受到损害。

图 2.7　子午流注

　　人与自然这种相参相应的关系在《黄帝内经》中是随处可见的。无论是生理还是病理，无论是养生预防还是诊断与治疗，都离不开这种理论的指导。

　　（3）人是阴阳对立的统一体

　　人是阴阳对立的统一体，这在生命开始时已经决定了。

　　从人体的组织结构上看，《黄帝内经》把人体看成是各个层次的阴阳对立统一体，还把每一脏、每一腑再分出阴阳，从而使每一层次，无论整体与局部、组织结构与生理功能都形成阴阳的对立统一。

　　（4）人体是肝、心、脾、肺、肾五大系统的协调统一体

　　《黄帝内经》所说的五脏，实际上是指以肝、心、脾、肺、肾为核心的五大系统。以心为例，心居胸中，为阳中之太阳，通于夏气，主神明，主血脉，心合小肠，生血，荣色，其华在面，藏脉、舍神、开窍于舌、在志为喜。在谈心的生理、病理时，至少要从以上诸方面系统地加以考虑才不至于失之片面。因此可以说每一脏都是一大系统，五大系统通过经络气血联系在一起，构成一个统一体。这五大系统又

按五行生克制化规律相互协调、滋生和抑制，在相对稳态的情况下，各系统按其固有的规律从事各种生命活动。

（5）生命观

《黄帝内经》否定超自然、超物质的神的存在，认识到生命现象来源于生命体自身的矛盾运动。认为阴阳二气是万物的胎始。对整个生物界，则认为天地万物和人都是天地阴阳二气交合的产物。阴阳二气是永恒运动的，其基本方式就是升降出入。《黄帝内经》把精看成是构成生命体的基本物质，也是生命的原动力。在《灵枢·经脉》还描绘了胚胎生命的发展过程："人始生，先成精，精成而脑髓生。骨为干，脉为营，筋为刚，肉为墙，皮肤坚而毛发长。"这种对生命物质属性和胚胎发育的认识是基本正确的。

（6）形神统一观

《黄帝内经》认为形体与精神是"辩证统一"的，指出精神统一于形体，精神是由形体产生出来的生命运动。

在先秦诸子中对神以及形神关系的认识，没有哪一家比《黄帝内经》的认识更清楚、更接近科学。关于形神必须统一、必须相得的论述颇多，如《灵枢·天年》和《素问·上古天真论》。如果形神不统一、不相得，人就得死。如《素问·汤液醪醴》和《素问·逆调论》。《黄帝内经》这种形神统一观点对中国古代哲学有非常大的贡献。

《黄帝内经》以五行为框架，以人体为主要研究对象，形成医学家所特有的天人合一的思想体系。并详细地给出五行、方位、季节、气候、自然变化和人体各个脏器的关系。

3.《黄帝内经》中医理论的天文学思维

清代著名医家、道士闵在他所编著的《养生十三则阐微》中说："人身一心耳，而其名有三，心之本位曰人心，其神脑注曰天心，其神腹注曰地心。其用有三，天心生精，地心生气，人心生血。"

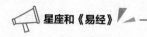

人体健康要求精气充足,也就是"天心"和"地心"必须是逻辑状态"1",这时,人体的所有部分都正常,可以写成如下的健康公式:

$$健康 = 天心 \times 地心$$

这就是人体的"天人合一"。

《黄帝内经》蕴含了丰富的古天文学内容,并运用宇宙构造、天体位置和运行的原理来说明医学原理、建构医学体系。

（1）宇宙结构与中医理论

我国古代的宇宙结构学说,主要有盖天说、浑天说和宣夜说三种。盖天说（图2.8（a））始于西周前期,主要记载于《周髀算经》（我国最古老的天文和数学著作,勾股定理就出自这本书,唐代以后被规定为国子监明算科的教材之一）。该说认为宇宙天地的构形是天圆地方,天形如张盖,顶八万里而向四周下垂,日、月、五星在天穹上随天旋转;天如同一磨盘,被推着左转（从东向南向西）,日、月、五星在"天"这个左转的磨盘上右转（从西向南向东）;天穹像一个斗笠,大地像一个倒扣着的盘子,北极是天的最高点,四周下垂;天穹上有日月星辰交替出没,在大地上产生昼夜的变化,昼夜变化是因为太阳早上从阳中出,而夜晚入于阴中。

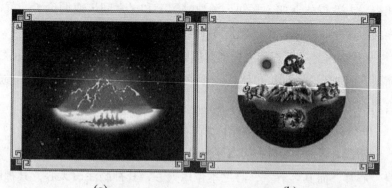

(a) (b)

图2.8 盖天说（a）和浑天说（b）

浑天说（见图 2.8（b））始于战国时期，主要记载于东汉张衡的《浑天仪注》。该说认为：天是一椭圆的球，像一个鸡蛋。其中一半储有水，圆形的地球浮在水面上，天之包地，如壳之裹黄。中空的圆球如车轴般旋转，日、月、星辰附着在圆球的内壳上运行。周旋无终，其形浑浑。

宣夜说始于战国时代，主要记载于《晋书·天文志》，认为天既不是一个蛋壳，也不是一个苍穹或圆面，而是无边无涯的空间，空间充满了气，日月星辰飘浮在气中，它们的运动受到气的制约，气的作用和运动不是任意的，而是有一定规律的。

对于宇宙的结构，《黄帝内经》中有盖天说、浑天说和宣夜说的描述。《灵枢·邪客》说："天圆地方，人头圆足方以应之。"含有盖天说思想。《素问·五运行大论》说："帝曰：地之为下，否乎？岐伯曰：地为人之下，太虚之中者也。帝曰：冯乎？岐伯曰：大气举之也。"认为大地悬浮于宇宙之中，但不是凭借水的作用托浮，而是依靠大气的力量支撑。反映浑天说思想，又含有宣夜说的成分。《素问·宝命全形论》说："天覆地载，万物悉备，莫贵于人。人以天地之气生，四时之法成。"有盖天说的成分，但主要是强调"气"的作用，因而含有宣夜说思想。可以说《黄帝内经》的宇宙结构观主要是浑天说与宣夜说。

（2）天体运行方位与《黄帝内经》

古代天文学家假想天球上存在一些点和圈（见图 2.9），把地球轴线无限延长的线与天球的交点称天极，其中在北方上空与天球的交点称**北天极**；地球赤道无限延长的平面与天球相交的大圆圈称**天赤道**；地球公转轨道平面无限延长与天球相交的大圆圈称**黄道**；地平面与天球相交的大圆圈称**地平圈**。天赤道从东向西划分为十二个方位，以十二地支标记，称十二辰。十二辰以正北为子，向东、向南、向西依次是丑、寅、卯、辰、巳、午、未、申、酉、戌、亥。正北为子，正东为卯，正南为午，正西为酉。《灵枢·卫气行》所说的"子午为经，卯酉为纬"即指此而言。

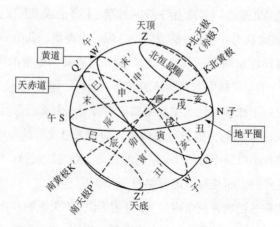

图 2.9　古代与"十二辰"对应的天球坐标系

天球上有了这些基本的点和圈，天体的视位置和视运动才能够得到精确的表述。

《黄帝内经》认为天球是一个以地球为中心的球形天空，这个天球不是宇宙的界限，但是它的存在对于观察天体的视位置和视运动客观上提供了行之有效的天文背景。由于地球自西向东自转和公转，《黄帝内经》所涉及的天体在天球上呈现出两类运动：天球的周年视运动，其中二十八宿在赤黄道带、北斗七星在恒显圈内自东向西左旋，日月五星在黄道自西向东右旋；全部天体的周日视运动，自东向西左旋。

①日月

对于日、月和五大行星的运动，《素问·天元纪大论》表述为"七曜周旋"的形式。七曜，即日、月和五星。七曜周旋，是指古人站在地球上所见到日、月、五大行星等天体在黄道上的视运动。太阳的视运动有周日视运动和周年视运动两种。太阳的周日视运动自东向南向西左旋，太阳的周年视运动自西向南向东右旋。《黄帝内经》对太阳视运动的描述是和昼夜四时相联系的，例如《灵枢·卫气行》所说的"昼日行于阳二十五周，夜行于阴二十五周"，是说太阳的周日视运动;《素问·阴阳应象大论》所说的"天有八纪"，是指太阳的周年视运动中，太阳在黄道上的立春、春分、立夏、夏至、立秋、秋分、立冬、冬至八个不同的位置而言。

月亮在空中的周期运动有两种，一种是月相的朔弦望晦变化，称朔望月周期;另一种是月球在恒星背景中的位置变化，即月球绕地球公转一周的运动，称恒星月周期。对于朔望月，《素问·八正神明论》提到"月始生""月廓满""月廓空"的月相盈亏盛衰变化。《灵枢·岁露》说:"故月廓满则海水西盛""月廓空则海水东盛"，已经认识到月亮是引起潮汐的主要因素。对于朔望月周期，《黄帝内经》没有明确论及，但《素问·六节藏象论》有"大小月"的记载。对于恒星月周期，《素问·六节藏象论》仅仅提供了"日行一度，月行十三度有奇焉"的数据。"月行十三度有奇"，即月亮每日在周天运行的度数。《黄帝内经》以周天为 365 又 1/4 度，每日行 13 又 7/19 度，则恒星月周期应该是 365 又 1/4 ÷ 13 又 7/19=27.32 天。

②五大行星

五大行星指金、木、水、火、土五星，《黄帝内经》又称太白、岁星、辰星、荧惑、镇星。五星的视运动指观察者从地球上观察行星在天球上的位置移动。《素问·气交变大论》论述了五大行星的视运动，认识到行星的视运动有徐、疾、逆、顺、留、守的运动变化规律，有"以道留久，逆守而小""以道而去，去而速来，曲而过之""久留而环，或离或附"三种运动轨迹，还论述了五大行星的亮度与颜色的变化，认为五大行星在运动轨迹的各个位置上，亮度和大小有着不同的变化，尤其是地外行星在冲前后，也就是逆行时，往往显得最亮。

③北斗星

北斗星由北方天空恒显圈内天枢、天璇、天玑、天权、玉衡、开阳、摇光七颗较亮的恒星组成，古人用假想的线把它们连接起来，像酒斗的形状，所以称为北斗。其中天枢、天璇、天玑、天权四星组成斗身，叫斗魁，又称璇玑；玉衡、开阳、摇光三星组成斗柄，叫斗杓，又称玉衡。天枢、天璇两星之间画一条连线并延长五倍处，便是北极星，北极星又称"北辰"，是北方的标志。北极星居中，北斗星自东向西运转于外，旋（针）指十二辰。北斗星主要用来指示方向，确定时节。

《黄帝内经》中多处提到北斗星和北极星的名称。《灵枢·九宫八风》有"太一""招摇"的记载，"太一"即指北极星，"招摇"指北斗星的斗柄。古代秦朝以前，北斗包含有九颗星。除去前面提到的七颗之外，还有"招摇"和"天锋"两颗，都在斗柄附近。《素问·天元纪大论》还有"九星悬朗"的说法。公元前二千年前，北斗星靠近北极，北斗七星连同斗柄延伸下去的玄戈（牧夫座 λ）、招摇（天龙座 λ）都在恒显圈内，故称"九星悬朗"。《黄帝内经》还有北斗星围绕北极星回转不息的描述，如《灵枢·九宫八风》叙述了"太一"依次移居九宫，实际上说明北斗星围绕北极星回转不息，旋指十二辰的运动。

④二十八（星）宿

古代天文学为了观测日、月、五星的运行确认了二十八群恒星标志，称为二十八宿。二十八宿不仅和四象结合，并且和五色、五方、五行相结合（见图2.10），东方苍龙，包括角、亢、氐、房、心、尾、箕七宿；南方朱雀，包括井、鬼、柳、星、张、翼、轸七宿；西方白虎，包括奎、娄、胃、昴、毕、觜、参七宿；北方玄武，包括斗、牛、女、虚、危、室、壁七宿。《黄帝内经》中已有记载。《灵枢·卫气行》说："天周二十八宿而一面七星，四七二十八星，房昴为纬，虚张为经"。二十八宿的划分，主要是以月亮的视运动作为依据的。

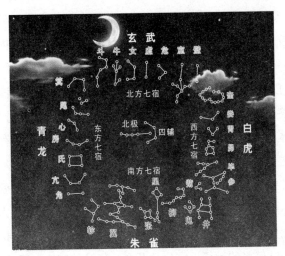

图 2.10　古代"二十八（星）宿"和四象分布图，"天像图"相对"地图"都是"左右颠倒"的，需要拿起"天像图"正对天空

《素问·八正神明论》说："星辰者，所以制日月之行也"。这个"制日月之行"的星辰就是分布在赤道、黄道上的恒星群。此外，又根据木星 12 年一周天，每年行经一次，在赤黄道上自西向东把二十八宿重新划归为十二次。十二次的名称是星纪、玄枵、娵訾、降娄、大梁、实沈、鹑首、鹑火、鹑尾、寿星、大火、析木。十二次是以牛宿所在的星纪作为首次。十二次与二十八宿具有对应的关系。此外，二十四节气与十二次的形成有着渊源的关系，二十四节气产生于十二次。

（3）趣说月经与月相

《红楼梦》第 10 回，儒医张友士为秦可卿诊治"月经不调症"。他在口述的脉案里，将秦氏患月经病的病因、病机、症状、辨证、治则以及疾病的预后等作了详尽的阐述，开了一剂完整的汤剂处方"益气养营补脾和肝汤"。在此之前，进出贾府的医生曾预言，秦氏的病冬至前后可能危重。而张友士也推测说："过了春分就可望痊愈。"书中还有关于冬至前后，贾母屡次派人去探视秦氏病情的描写，连秦氏自己也

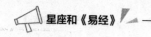

说，过了冬至，便可望痊愈。这些描写屡屡言及疾病与阴历节气的关系，其中包含着类似现代时间医学和气象医学的内容在《黄帝内经》中就有阐述。

月经与月相的关系如何？《黄帝内经》中《灵枢·岁露篇》说："人与天地相参也，与日月相应也。"这就是说，在千百年的进化过程中，人类的机体与所处环境、自然气候等，不断地相适应而生存，从而与自然界确立了生物节律同步的关系。《素问·生气通天论篇》说："平旦人气生，日中而阳气隆，日西而阳气已虚，气门乃闭。"也就是说，太阳影响人体内属阳的物质，如气、腑、督脉等；月亮则影响人体内属阴的物质，如血、脏、任脉等。"子午流注学说（见图2.7）"指出，人体在一天内经脉气血的运行、穴位的开合、经脉的交接、营卫的运行等，与自然界具有同步的规律性周期变化，气血盈时而至为盛，过时而去为衰；穴位逢时为开，过时为闭，这就为临床诊断，针灸和服药治疗疾病，预测疾病的转归、预后等提供了理论依据。

月亮属阴，它的阴气对人体影响最明显的，莫过于妇女的月经了。明代大医学家李时珍说："女子，阴类也，以血为主。其血上应太阴，下应海潮。月有盈亏，海有潮汐，与之相符，故谓之月水、月信、月经。"现代医学也认识到这一点，即太阳黑子的变化和月亮的盈缺，与地球的气候异常、疾病的流行、症状的发生等关系密切。有人就认为：月亮对占人体80%的体液的影响，是因为其化学成分与海水相类似的缘故。"月光显然地控制了内生太阴节奏的周相。"认为人为地干扰了这个周相关系，就会使人体失去平衡，而使人体的生物钟紊乱，变生出各种疾病。

我们知道月球绕地球一周是29.53天，而女性的月经周期平均为29.5天。妇女的"黄体"的形成，正好为半月节律，时间为14±2天。因此，不论是体力、环境、气候、情绪、饮食等各方面的原因，影响到妇女的太阴节奏，都可使月经周期发生变化，从而出现各种月经疾病，如痛经、经闭、崩漏、月经先期或后期等。根据《黄帝内经》所说的"月生无泻，月满无补"的原则，调查发现女人的正常月经与月相的关系，以朔月（新月）附近月经来潮的人最多。

不仅是妇科疾病，子午流注学说在养生、用药、护理等方面也有指导意义。按照经气运行的规律，心的经气午时 (11：00—13：00) 最强，子时 (23：00—1：00) 最弱；肾的经气酉时 (17：00—19：00) 最强，卯时 (5：00—7：00) 最弱。临床统计也表明，心脏病患者的发病和死亡多在夜间，而肾气虚的肾炎患者，以早晨时浮肿最明显。这就为临床用药提供了获得最佳疗效的时机。也就是所谓的"早暮不合其时……不惟无益，反而有害"。说明了择时服药的重要性。在临床上，扶阳益气、温中散寒、行气消肿的药物，应该早晨或上午服用；滋阴补血、镇静安神的药物，宜午后或傍晚服用，才能收到最好的疗效。就连中药的质量都与采集时间有关，故有"地道药材"之说。除了产地的要求外，要根据药性和使用部位来决定采集的时间。以附子为例，唐朝就记载其质量与"采收时月"有关。

《黄帝内经》告诉我们人与大自然是息息相关的。因此，顺其自然、颐养保健，是人类健康长寿的方法之一。作为妇女，更应该节情志、慎起居、调饮食、和阴阳，合体同生物钟节律规则，避免太阴周相的紊乱。体内的激素周期性地、有条不紊地分泌，就不会发生各种月经疾病了。

（4）左（右）旋体氨基酸

太阳的周日黄道视运动是东升西落（见图 2.11），实际上是地球的自转运动，即赤道的左旋顺时针方向运动，它同时带动整个天球的运转。太阳的周日视运动逐日一度地在天空中移动着，它是一种"左旋螺旋式"的运动。而太阳的周年黄道视运动却是右旋的逆时针方向运动，实际上是地球的公转运动，它是一种"右旋螺旋式"运动。这就是说，太阳黄道视运动，可以分为周日和周年两种，但二者的运动方向却完全相反，是一种双螺旋运动。《黄帝内经》称之为"天气右行"，"上者右行"与"地气左行"，"下者左行"。按顺时针方向运动的周日黄道视运动称"地气左行"，按逆时针方向运动的周年黄道视运动称"天气右行"。

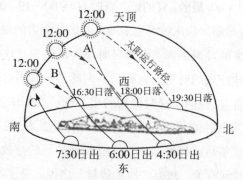

图 2.11　太阳的周日视运动是东升西落，是顺时针的，称其为"左旋螺"运动；而地球的公转运动是逆时针的，称其为"右旋螺"运动

　　太阳的这种左旋和右旋运动，是自然界普通存在的现象。现代动物机体蛋白质水解后可以产生二十多种氨基酸，称为蛋白氨基酸，均为逆时针方向右旋体结构。当动物死后，有机体在自然条件作用下，氨基酸右旋体结构却慢慢地向顺时针方向左旋体转化。这说明动物体在活着时体内产生的右旋体氨基酸，而当死亡后就会逐渐转化为左旋体氨基酸。氨基酸是一切动物体生命的主要组成部分——蛋白质的基本单位。因此，右旋体氨基酸就是动物体生命的基础。再如植物体内所含淀粉，都是以逆时针方向右旋糖为单位连在一起的。所有的淀粉，只有右旋糖链长度的不同和排列组合的不同。右旋糖是在植物生长发育过程中大量生成的。植物死后，在酶的作用下转化为顺时针方向的

左旋糖。这说明淀粉是一切植物生命的主要组成部分。而右旋糖则是淀粉的基本单位。由此可见,右旋糖的产生是植物生命存在的基础,右旋糖的减少使植物生命走向死亡。而左旋糖的生产过程,就是植物走向死亡的过程。

这就是说,无论是动物还是植物,一切生物都受着天体运动左旋和右旋的影响,"天气右旋"运动主宰着一切生物的生长,"地气左旋"运动主宰着一切生物的死亡。因为天气为阳,阳主生,地气为阴,阴主死。《黄帝内经》认为,万物的生长,"壮、老、死"的过程,皆取决于太阳的右旋与左旋视运动。

2.2　《易经》是一本伟大的哲学著作

《易经》是十三经第一本,四全书第一本。《易经》是中华文化的源头活水,演绎着中华民族最深层的心理结构。在儒家,它是群经之首;在道教,它是三玄(《老子》《庄子》和《周易》是"玄学"的根本)之一。它"总万教于一本,约千训于一义"。它是华夏思想与哲学的源头,是文学的鼻祖。

2.2.1　《易经》的"三观"

《易经》并不只是一本占卜之书,它的精髓,或者说,它的实质,是一种对人生和世界的哲理性的思考,它赋予人们一种世界观和人生观——中国式的思维方式。它可以说是影响中国人最深、最广的一本哲学著作,是它成就了我们整个中华民族。

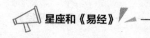

1.《易经》中的人生态度

《易经》有一个基本观点，就是自然规律和社会规律的一致性。《易经》首先强调的是知天，即认识、掌握自然界规律的变化。《易经》用一整套特有的卦象系统，把自然界复杂的变化概括地予以表现，然后让人根据自然界变化的规律去认识自己目前的处境，设计自己应该采取的行动。更为深刻的是《易经》六十四卦的整体排列所体现的宇宙变化，这个排列可以用来表示一年三百六十五天的阴阳递转，显示春夏秋冬、二十四个节气；也可以用来描述天象的变化，把斗转星移囊括其中。掌握这些，我们才能知天。但知天并不是目的，知天的目的是顺天。《易经》除提出知天、顺天等处理天人关系的重要原则外，还提出"乐天"的思想。乐天就是对人生抱一种达观的态度，超越具体功利的审美的态度。

《易经》所提倡的人生态度，认为人在世界上是不能做到事事如意的。一方面人应该努力地追求自己的理想，力求达到自己的目标；另一方面也不要把一时的成败、一事的成败看得过重。如若自己的理想、愿望由于主客观的种种原因未能达到，也不应因此而颓废。就算这种不成功是"天意"吧，也应该对"天"持一种宽容的态度。

2.《易经》中的人际关系处理

天人关系是《易经》的哲学主题，《易经》探讨天人关系是为了找出为人处世的原则。天人关系的讨论是宏观的；而人际关系的讨论是微观的。

《易经》认为，人之处世，第一要义是要找到自己应处的位置。老子说："多言数穷，不如守中。""守正""守中"一样的道理。"守正"是《易经》推崇的为人处世的第一法宝。按照《易经》的观点，天地万物各有其位，人不例外。每个人都应在世界上找准自己应处的位置，如若这样，世界就是有序的了，就不会有祸乱产生了。

《易经》推崇的处世法宝第二便是"中孚"。"孚",诚信;"中",在这里表示出自内心。因为只有真情才能换取真情;只有挚信才能换取挚信。这个世界的维系并不全靠金钱、权势,更要靠人与人之间的理解和信赖。而这些属于人的精神生活方面的东西往往是用金钱不能够买到,靠权势不能够掠取的。

《易经》推崇的处世第三法宝是"尚和"。"和"在《易经》中是个十分重要的思想,"和"与"中"常常连在一起,称为"中和"。"中"要求做事不走极端,要适度;"和"则要求与他人关系要协调,要顺畅。"中"是讲个体所处的位置,"和"则是讲个体与个体、个体与群体的关系。"和"的思想体现在《易经》的整个体系之中,而整个《易经》体系就是一个生命通达、循环不息的和顺的整体。

守正,中孚,尚和——这是《易经》作者从其对生活的深刻体察中所总结出来的处理人事关系的三个基本法则,也是我们需要学习和去实践的人生哲学。

3.《易经》中的处事原则

人在这个世界上会遇到种种不同的处境,要处理种种不同的事务。要怎样才能把事情办好,在可能的条件下取得最好的结果呢?《易经》通过六十四个卦的解析为我们提供了极为具体的指导。概括起来,《易经》认为处事的基本态度是果决、审慎、适变。

世界上的事情,顺顺当当的有,不顺当的可能更多。有些事真要去办,还要冒些风险。当然,不去冒险,自然较为平安,但也必然是平庸,无大成就。世上凡干大事者,无不历经风险,没有风险意识,没有敢闯难关的勇气,没有临事果决的魄力,怎能取得超乎寻常的业绩呢?在战争中两军对垒,战局风云变幻莫测,取胜者,大多是指挥果决、敢出奇兵、敢冒风险的一方。不过,话又要说回来,果决、勇敢必须以科学的分析做基础,必须以审慎相辅佐,否则就会走到愿望的反面。《易经》就是这样教人将勇与谋，果决与审慎很好地结合起来。但这些都要在适变的基础上，要适变，就是要我们看清事物变化的规律。了解这些，我们就不必为自己目前淤塞的处境而灰心、颓丧。你可以创造条件，改变这种处境，争取光明的前途。同样，你处在极为顺利的处境，并正在飞黄腾达的时候，也不要被幸运冲昏头脑，要当心物极必反，要为自己留下余地，留出退路，否则可能后悔莫及。

4.《易经》的影响是时时处处的

中医的阴阳学说就是来自《易经》。这个我们在前面的《黄帝内经》中已有介绍。东汉时期的《神农本草经》也是运用了八卦取象的观念，明确了中医的用药原则。张仲景的《伤寒论》更是把阴阳学说和太极"合三为一"的思想发展为"六经学说"，创立了六经辨证的原则，奠定了临床医学的基础。

《易经》对军事理论有直接的影响。宋代《三字经》的作者王应麟在《通鉴答问》中称："盖易之为书，兵法尽备。"《易经》六十四卦，很适合战争中机动战略的选择，历史上著名的军事家孙膑、吴起、诸葛亮等，都根据《易经》原理排兵布阵（见图 2.12）。历史上戚继光抗倭，在创立阵法时也参考《易经》原理。

图 2.12　古代军事上的"八卦阵"

《易经》对武术发展也有很大启发。《易经》中有"君子以除戎器，戒不虞"的（卦）辞，是说"君子应整治兵器，以防不测"，对习武健身、防身观念的形成有直接影响。八卦掌、太极拳等，都来自《易经》理论。

《易经》对建筑学的影响主要和"风水"学说紧密相关，古代的城建布局、建筑设置等都要以《易经》理论为指导，四合院就是阴阳平衡、天人和谐观念建筑的典型。传统建筑中的"九梁十八柱"等都是从《易经》中获得灵感，故宫角楼就是这种风格的典型。

围棋也是根据《易经》原理演变的游戏，被认为是世界上最复杂的游戏之一。此外，《易经》在园林、养生、环保、农业等方面都产生过巨大影响。《易经》强调与时偕行的变易思想，是和谐文化、与时俱进等国学传统思想的主要来源。

《易经》回答了诸多哲学、天文、预测等方面的问题，是真正的一分为二观点。它注重推理和条件约束，没有任何宗教色彩，通过象、数、理的推演，展示了独特的宇宙观，回答了物质、能量、信息、质量转换、辩证法则（主次要矛盾、普遍和特殊）、整体运动变化、人的意志等纯哲学命题，具有世界观和方法论方面的重要意义，独树一帜。《易经》预测所利用的偶合律，最早找到偶然性和必然性的完美结合点，是探讨偶然和必然哲学范畴的先声；其二元世界统一论思想，揭示了宇宙空间的普遍法则。

《易经》中的很多词语至今仍在我们口头应用，"突如其来""夫妻反目""谦谦君子""虎视眈眈"等。"咥"仍是陕西方言中"吃"的代名词，"与时俱进"典化于《易经》的爻辞，"和谐社会"典化于《易经》的"和谐律"，清华大学的校训"自强不息，厚德载物"（见图 2.13），蒋先生的名字"介石"、字"中正"，均来自于《易经》。

图 2.13　清华校训"自强不息，厚德载物"

《易经》对中国文化的影响，可以说是无处不在。对儒家、道家、中医、政治、军事、文化、民俗影响深广，是世界上传承非常完整、绵延不绝、生生息息的文化瑰宝。

2.2.2　《易经》的起源和发展

1.《易经》释义

易的释义基本有四种：①上日下月为易；②如蜥蜴变化为易；③化繁就简为易；④金乌，大日，生命。

经的释义为三个：①通"径"字，路径；②经典；③方法。

综合起来，《易经》的作用就是指导人们深入观察自然界的各种现象，认识天人合一、阴阳相辅相成的辩证统一关系，充分把握天时、地利、人和之际遇，在适合的环境中实现人生的最大价值。《易经》涉及天文学、数学、逻辑学、哲学、修行学、占卜术等。因此，它成为道家、儒家、阴阳术数的经典，三教在各自领域内对其有不同的理解和应用。

2.《易经》的产生和发展变化

历史传说中，有伏羲画八卦（见图 2.14）、周文王作《周易》（所以《易经》又被称为《周易》）、孔子修易之说；神话故事中又有连山易祖作易、九天玄女传易等说法。因其年代久远，道、儒、术三家理解有不同，至今关于易经如何产生及发展说法不一。从继承较好的道家及术数派来看，基本有天书神授之意。

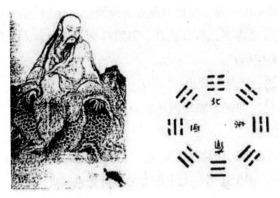

图 2.14　伏羲（生卒不详），八卦

综合来说,《易经》是远古众多圣人（或神人）根据大自然（天道、生命）的发展变化规律经过很长的年代创作并不断修改而成的。其中，经上古圣人（连山易祖、九天玄女）某一时期集大成，作成《连山古易》。圣人盘古之世，又作《归象易》。又经过很长年代，圣人观察大自然变化结合社会的发展，重修易经，作成《归藏易》传于伏羲。《归藏易》偏重于个人修行及人类发展的问题。到周文王时，自然及社会环境又发生变化，文王对易经进行了演绎发展，而名《周易》（周表示周朝、圆周、周转回归的意思）。到孔子时，其所增修易偏重于义理（哲学）。称之为《易经》。

在《左传》中已有《周易》的记载，如《左传·昭公七年》："孔成子以《周易》筮之。"说明《周易》最晚在春秋战国时代已经出现了。目前，对《周易》成书的时代，学术界尚有争论，但成于西周前期之说为大多数所接受。

至于《周易》的"周"字，历来说法颇多。例如，有人认为：周是"易道周普无所不备"的意思；也有人认为，周易是指周朝。周朝为一般人所接受，很多人认为《周易》的"周"字是朝代的名称。

而《周易》的"易"字解释则更为纷繁。

一说："易之为字，从日从月，阴阳具矣。""易者，日月也。""晶月为易，刚柔相当。"

一说："易，飞鸟形象也。"

一说："易，即蜴。蜥蜴因环境而改变自身颜色，日之易，取其变化之义。"

清代陈则震著《周易浅述》，将"易"的定义归之为二：

曰：交易，阴阳寒暑，上下四方之对待是也；

曰：变易，春夏秋冬，循环往来是也。

无论何种解释，说《周易》是讲阴阳两种势力相互作用，产生万物，"刚柔相推，变在其中"，则是不会错的。

到了西汉，儒家学派将《周易》与《诗》《书》《礼》《乐》《春秋》等奉为经典，称为"六经"。

伏羲画的八卦为：乾、震、坎、艮、坤、巽、离、兑；

八卦符号（见图2.15）：乾三连，坤六断，震仰盂，艮覆碗，离中虚，坎中满，兑上缺，巽下断。

图2.15　八卦符号

八卦的数字代表：乾一，兑二，离三，震四，巽五，坎六，艮七，坤八；

八卦的方位表示：乾、西北，坎、北，艮、东北，震、东，巽、东南，离、南，坤、西南，兑、西；

八卦的五行对应：乾、兑（金），震、巽（木），坤、艮（土），离（火），坎（水）；

八卦的相生相克：乾、兑（金）生坎（水），坎（水）生震、巽（木），震、巽（木）生离（火），离（火）生坤、艮（土），坤、艮（土）生乾、兑（金）；

乾、兑（金）克震、巽（木），震、巽（木）克坤、艮（土），坤、艮（土）克坎（水），坎（水）克离（火），离（火）克乾、兑（金）。

八卦与季节的对应（四季是指每个季节的后一个月）：

乾、兑旺于秋，衰于冬；震、巽旺于春，衰于夏；坤、艮旺于四季，衰于秋；离旺于夏，衰于四季；坎旺于冬，衰于春。

3.《易经》三大原则

（1）变易：万事万物都是随时变化的，没有不变的人、事、物，现在晴空万里，说不定马上就倾盆大雨。三十年河东，三十年河西；成功不要得意忘形，失败也不要垂头丧气。所以说《易经》从不讲宿命论，人的命运是自己创造的，也是随时变化的，就看你现在正在做的事情，卜卦算命看风水只是《易经》的一个基本内容，《易经》是哲学，里面包含的内容实在是太多了，上通天文，下通地理，中通人事，读通《易经》就可以想通许多的人生哲理。

（2）简易：万事万物都是非常简单的，大道至简，像我们的治国方针，"一国两制"，"三个代表"，"八荣八耻"等，一个词语就包括了许多的意思，治国方针如此，更何况我们身边的小事情呢，当遇到解决不了的问题时，就向简单的方面考虑，不能想得太多，越想越复杂。

（3）不易：万事万物的变化有一定的规律可循，像四时交替，花开花落，地球永远绕太阳转，月球永远绕地球转，宇宙都如此，更何况我们只是宇宙中的缥缈一粟呢，我们人也是有规律的，人是有命运的，但命运是可以改变的。因为变易讲万事万物都是随时变化的。

4.《易经》的四个理论框架

（1）全息对应论：万事万物都是相互对应的，没有单独存在的道理，一件事情的发生，往往预示着另一件事情也会发生，就像食物链与生物圈一样，人、事、物都是相互关联的。一件事情改变了，必会影响与其相关联的所有事物；一个人改变了，必将影响与其相关的所有人，我们都生活在一个全息网络中。

（2）五行生克制化论（见图2.16）：万事万物都可以归类到五类元

图 2.16　五行相生相克

素——金木水火土。一物生一物，一物克一物，没有最强者，也没有最弱者。事物在相生相克中才能得到发展，我们人也分为"五种人"，相生的规律是：金水木火土金，相克的规律是：金木土水火金，可以看出只有相对最强与最弱，没有绝对最强与最弱。

（3）阴阳论：万事万物都分阴阳，阳中有阴，阴中有阳，纯阳纯阴的事物是不存在的。大慈善家也有见不得人的一方面，十恶不赦的罪人也是有良心的。阳久必阴，阴久必阳，阴阳是互相转化的。一个人的成就到达最高峰时必将走向衰弱，一个人失败到极点时，也是成功开始的时候。万事不能做得太绝，太绝对了容易出问题，要穷寇莫追、网开一面。

（4）时空论：万事万物的变化都随着时间、空间的变化而变化，时间或空间变了，事物也会随着变化，做事情不可冒进，也不可畏缩不前，不仅要逢时，还要逢位。让一个国外的管理大师来管理中国的企业，他也许就成为一个大笨蛋，因为空间变了。你在这个工作岗位不顺心，你可以换一个工作岗位，也许你就适应了，因为空间变了。人也会变化的，今年你非常倒霉，喝凉水都塞牙，说不定明年你就大展宏图，因为时间变了，人也会随着变化。

2.2.3 《易经》与天文

《易经》是一个复杂而完备的集哲学原理、核心理论、符号系统和运算法则为一体的能反映天、地、人运动规律的大体系。

《易经》的哲学原理是天地人合一的哲学论断，其核心理论是阴阳五行学说，它有两大符号系统：八卦符号系统和干支符号系统，其运算法则是阴阳五行间的相互作用。

《易经·系辞》有言："古者包牺氏之王天下也，仰则观象于天，俯则观法于地，观鸟兽之文与地之宜，近取诸身，远取诸物，于是始作八卦，以通神明之德，以类万物之情。"可见，《易经》是观察世界、认识世界的学问，是古人通过仰观天象、俯察地理而对天、地、人的哲学总结。也可以说与天文学是结合得最紧密的，《易经》并不是古人的凭空想象，它有其深刻的天文学背景，是古人通过观天察地而得出的科学论断。

《易经·系辞》曰："易者，象也；象也者，像也。""悬象著名莫大乎日月。"古人类观察日月的运行特点，是最重要的观天活动。

对地球人而言，太阳的升降和月亮的出没，是最常见的天文现象。太阳升起万物复苏，温度上升，使大地具有了升发和温暖向上的特征，也就是《易经》所说的阳的特点；而日落月升，则使太阳的影响逐渐减弱，温度降低，大地便具有了收敛和湿而向下的特征，也就是《易经》所说的阴的特点。

1. 观日影绘太极图

卦字的"圭"旁代表古人在测量天地时筑的一土台，即观象台。卦字当中的一竖代表土台上放置的一个八尺高的标杆，用以测量日影的长短变化和天体间的距离。"卦"字右边的一点代表测量日影占卜的人。放标杆的地方称为太极点。以一个太阳年为周期，就北半球而言，冬至时日影最长，夏至时日影最短。以冬至时为标杆，日影的长度为直径，以冬至（南）、夏至（北）、春分（西）、秋分（东）四个点连线建立一个平面直角坐标系（见图2.17（a））中的南北、东西连线。考虑一年中太阳视运动在地面形成的轨迹的走向变化，就是一张"太极图"。

标杆（见图2.17（b）中的竹竿）日影的长度，夏至日影最短，冬至日影最长，秋分、春分日影长度相等，但变化方向相反。

太阳围绕地球运行一周（考虑太阳的视运动）的圆周运动和日影的长度围绕春分点和秋分点在冬至点和夏至点之间的简谐运动复合以

后即为太极图。可以这样猜想,《易经》基础之一的太极图是古人由日影的变化而联想产生的。

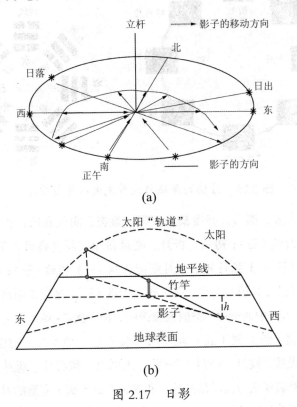

(a)

(b)

图 2.17 日影

2. 观月亮的圆缺规律——月相,知八卦图

月相是最能反映阴阳变化规律的天文现象。在《易经》体系中,阳性的事物用符号—表示,阴性的事物用--表示。由阳到阴的转化代表了事物发展变化的过程,而这一转化过程,相信就是古人由观察一个朔望月中月相的变化得来的。起码这一“联想”比由日影变化联想到太极图要容易和现实得多(见图 2.18)。

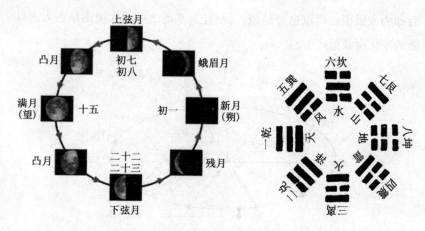

图 2.18　月相的盈缺与伏羲先天八卦图对应

阴历十五，满月，亮度最大，阳气盛极，阴气衰极，古人用八卦符号表示为乾（☰）；初一，新月，亮度最小，阴气盛极，阳气衰极，表示为坤（☷）；上弦月和下弦月则记为坎（☵）和离（☲）；凸月为巽（☴）和兑（☱）；蛾眉月为艮（☶）；残月为震（☳）。这样由阳到阴的（事物）转变，八卦中的顺序（类似太极图的走向）就是：乾（一）、兑（二）、离（三）、震（四）、巽（五）、坎（六）、艮（七）、坤（八），对应了满月、凸月、下弦月、残月、凸月（倒像）、上弦月、蛾眉月、新月，这样一个盈缺的周期变化。也就是把月相和先天八卦形成了完整的对应。

3.观五星知河洛（图）、五行（金、木、水、火、土）

对太阳系最重要的五颗行星——金星、木星、水星、火星、土星运行的规律进行观察。通过研究五星的出没特点，可以描绘出我国古代最著名的河书洛图来，完成对金、木、水、火、土五行的界定。

我国的彝族天文学有着特殊的发展过程。彝族的"十月太阳历"一年有十个月，每年从冬至日开始，每月 36 天，全年 360 天，余 5～6 天（冬至、夏至）为过年日。它以太阳运行定冬夏（季），观北斗七星的斗柄指向定寒暑。按照彝族的十月历所定义的月份，正月、六月在北半球观察天空，则水星出没在天空的北方；二月、七月火星则出现在天空的南方；三月、八月木星则出现在天空的东方；四月、九月金星出现在天空的西方；而五月、十月土星则出现在天空的中央。

把以上观察概括抽象为一简单的图形，即为河图，河图可理解为人类的坐地观天图（见图 2.19（a））。

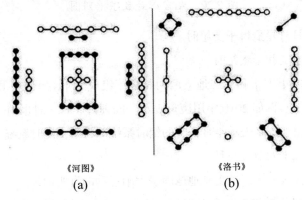

《河图》　　　　　　　　《洛书》
(a)　　　　　　　　　(b)

图 2.19　河图洛书用图形和数字反映了五大行星的出没，五行的相生相克和八卦的位置关系

河图的基本内容为：1、3、5、7、9 月在位置上为上方，用白点表示，代表阳；2、4、6、8、10 月在位置上为下方，用黑点表示，代表阴。坎一生水，地六成之；地二生火，天七成之；天三生木，地八成之；地四生金，天九成之；天五生土，地十成之。

洛书即坎一、坤二、震三、巽四、申五、乾六、兑七、艮八、离九（见图 2.20）。

人在太阳系之外观察地球，以十月历为参照系，太阳系的五大行星在地球上的投影即为洛书（见图 2.19（b））。此即人们常说的九宫八卦图。

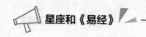

南

4 9 2

东 3 5 7 西

8 1 6

北

图 2.20　九宫八卦数字排列图

4. 测日月星辰得干支纪时

（1）干支和干支纪时

古人用十天干和十二地支两两相配，组成六十对干支，即常说的六十花甲子。例如 2010 年用庚寅表示。同理月、日、时也用一对干支来表示。用干支来表示年月日时的纪时系统即为干支纪时系统。

（2）二十四节气与月

月所代表的十二地支是地球围绕太阳运动的真实记录。

二十四节气代表一个太阳年（约 365 天）中地球围绕太阳运动时的位置特点。古人以北斗七星为参照物，把斗柄所指方向和十二地支相配，从而确定十二地支的方位和特点（正所谓斗柄指寅，天下皆春）。每个月由两个节气组成。

每年从立春开始，一月（正月）包含立春和雨水两个节气。以此类推，二月由惊蛰和春分组成。

（3）地球自转与干支

地球围绕太阳公转同时也在自转，平均 24 小时转一周。古人把两小时计为一个时辰，即晚上 11 时为一天的开始记为子时，依次为子丑寅卯辰巳午未申酉戌亥十二个时辰。

通过对《易经》的天文基础的探讨我们可以看出，它是以天地人合一的哲学思想为指导、以阴阳五行为其核心理论、以八卦体系和干支体系为语言，涵盖宇宙万物、以人为本的一个严密体系。《易经》并不神秘，与封建迷信更是风马牛不相及。《易经》之所以被披上神秘玄学的外衣，是因为它曾经的"王权专用"身份。最初，《易经》是被统治者垄断的神圣典籍，由王朝的史官掌管和使用，只为统治者服务，连诸侯国的君主都无缘一见。直到公元前707年（东周时期，周桓王13年），陈厉公的小儿子陈完出生，由于周王室衰微、王权没落，出现了"周史有以《周易》见陈侯者"（见《左传·庄公22年》)，《易经》才得以流传于天下。而《易经》的使用又往往伴随着庄严隆重的占筮仪式，更使其显得神妙莫测了！

2.3 《易经》是怎样用来算命的

　　说到《易经》是怎样用来算命的，也就是要说明怎样使用《易经》和《易经》有什么用的问题。这些都和《易经》的"出处"有关。前面我们讲过，《易经》起源于伏羲画卦，是"神人天授"，后来有了《连山》《归藏》，再后来有了周文王撰《易》，再再后来又有了孔夫子对《易经》的解释，也就是所谓的"十翼"。所以，后来人一直都认为，现在的《易经》是古代先人们的"经"和经过孔夫子解释的"传"而组成的。

　　"经"由六十四卦和起解说作用的卦、爻辞组成，分为上、下两经，上经三十卦（俗称外卦，多涉及社会），下经三十四卦（俗称内卦，多涉及个人和家庭）。六十四卦是由八经（主）卦两两相重而成的，每卦由阳爻(—)、阴爻(- -)两类符号由下而上画成。八经卦即乾(☰)、坤(☷)、震(☳)、艮(☶)、坎(☵)、离(☲)、巽(☴)、兑(☱)，其基本象征分别为天、地、雷、山、水、火、风、泽。阳爻（—）和阴爻（- -）属性相反，阳爻也称刚爻，代表阳刚、尊崇、男性、奇数以及其他象征积极向上的事物；阴爻也称柔爻，代表阴柔、卑贱、女性、偶数等消极向下的事物。六十四卦是由八经卦两两相重而成的，故每卦由六爻组成，自下而上分别称为初、二、三、四、五、上，阳爻称"九"，阴爻称"六"。下卦又称内卦或下体，由初、二、三爻构成；上卦又称外卦或上体，由四、五、上爻构成。例如泰卦䷊，自下而上分别为初九、九二、九三、六四、六五、上六，下卦为乾，上卦为坤。六十四卦卦形之后为卦名，卦名之后为卦辞，即解释每卦要义的文辞。解释卦中每爻要义的文辞称为"爻辞"。以乾卦为例，"䷀乾，元，亨，利，贞。初九，潜龙勿用"，其中䷀为卦象，"乾"为卦名，"元，亨，利，贞"为卦辞，"初九"为爻题，"潜龙勿用"为爻辞。除六爻爻辞外，乾卦还附有用九，坤卦还附有用六，这是其他卦中所没有的。

"传"是孔夫子解说"经"的部分，共有十篇，又被称为"十翼"。"翼"为辅助羽翼之意，"十翼"的作用就是辅助阐释经文部分，包括《彖传》上下、《象传》上下、《文言传》《系辞传》上下、《说卦传》《序卦传》《杂卦传》共有十篇。《彖传》又称《彖辞》，用来说明各卦的基本观念，裁断卦名、卦辞所含的意蕴。孔颖达（唐朝经学家，孔子的第 31 世孙）在《周易正义》中说："《彖辞》统论一卦之义，或说其卦之德，或说其卦之义，或说其卦之名。"《彖传》上篇解说上经三十卦，下篇解说下经三十四卦。《象传》也称《象辞》，重在解说卦名、卦义及爻辞，分为《大象》《小象》。《大象》解说六十四卦，《小象》解说三百八十四爻。《象传》上、下篇分别解释上、下经。《系辞传》是通论性质的著作，从义理方面对经文作了比较全面的辨析和阐发，包括《易》的来源、卦爻的象征意义、《易》中包含的道理、《易》的神妙功用、对人事的指导意义、占筮方法、卦爻的分析方法等，还对某些卦爻作了选择性的解释。《文言传》专门解释乾、坤两卦的篇名，孔颖达《周易正义》摘引庄氏的说法为："文谓文饰，以乾、坤德大，故特文饰，以为《文言》。"《说卦传》主要解释八卦性质和象征,即孔颖达所谓:"《说卦》者,陈说八卦之德业变化即法象所为也。"《序卦传》说明六十四卦的排列顺序与意义,《杂卦传》则是以卦德属性相反的两卦为一对,说明各卦之间的错综关系。

关于《易经》的出处和如何使用《易经》,自古以来争论很多。而南宋的儒学家朱熹说得很中肯:"今人读《易》,当分为三等:伏羲自是伏羲之《易》,文王自是文王之《易》,孔子自是孔子之《易》。读伏羲之《易》如未有许多象象文言说话,方见得《易》之本意,只是要作卜筮用。如伏羲画八卦,哪里有许多文字语言,只是说八个卦有其象……只是使人知卜得此卦如此者吉,彼卦如此者凶。……及文王、周公分为六十四卦,添入《乾》元亨利贞、《坤》元亨利牝马之贞,早不是伏羲之意,已是文王、周公自说他一般道理了。然犹是就人占处说,如卜得乾卦则大亨而利于正耳。及孔子系《易》作《彖》《象》《文言》,则以元、亨、利、贞为乾之四德,又非文王之《易》矣。孔子尽是说道理,然犹就卜筮上发出许多道理,欲人晓得所以凶所以吉。"

2.3.1　《易经》"算命"方法

易经占卜方法颇多,都以《易经》正解自居。真正的解法来自于孔子的《系辞传》。

1. 蓍草占卜法

（1）占卜原理原则

《周易·系辞上》中论述古易揲蓍草取卦时提到:"大衍之数五十,其用四十有九。分而为二以象两,挂一以象三,揲之以四以象四时,归奇于扐以象闰,五岁再闰,故再扐而后挂。天一地二,天三地四,天五地六,天七地八,天九地十。天数五,地数五,五位相得而各有合。天数二十有五,地数三十,凡天地之数五十有五。此所以成变化而行鬼神也。《乾》之策二百一十有六，《坤》之策百四十有四，凡三百六十，当期之日。二篇之策，万有一千五百二十，当万物之数也。是故四营而成《易》，十有八变而成卦，八卦而小成。引而伸之，触类而长之，天下之能事毕矣。显道神德行，是故可与酬酢，可与祐神矣。子曰：'知变化之道者，其知神之所为乎。'"

（2）起卦

首先是准备阶段，洁身致敬，气氛庄严肃穆。而后取出占筮的工具——50根蓍草（也可用竹签、小木棍代替），算之前，先拿给被算的人，让他默念将所要筮问的事项虔诚地告知业已准备好的50根蓍草。这就可以"起卦"了。

①从50根蓍草（木棍）中取出一根（象征太极）放在一边，假定为A处，只用49根来算。

②把49根木棍随机分成左右两堆（象征两仪或天地），叫做"分二"。然后从右边的（是指被占筮者，被算的人坐在算命人的对面）一堆中拿出一根（象征人）也放在一边，假定为B处，不要和A处的那一根混在一起。这叫做"挂一"，此根木棍代表天地人中的"人"，也表示这是第一变。

③然后将两堆木棍中左边的一堆，按四根一组（象征四象或四季，给出被算者宇宙的时间序列来），进行排列，叫做"揲四"。将最后剩下的一、二、三或四根就放到一边（象征闰月），假定为C处，也不能和A、B混起来。然后将右边一堆木棍同样按四根一组（象征东西南北四方，给出被算者宇宙的方位来），排成一排，也将最后剩下的一、二、三或四根就放到一边C处，与前面已经放在那里的木棍合到一起，一定是4或8，叫做"归奇"。加上挂一的那一根，则必定是5或9。以上就完成了第一变。

④第二变开始前，将第一变中挂一和归奇的木棍除去，把已经排

成四根一组的木棍合到一起，其数量是 40（49-9=40）或 44（49-5=44）根。然后再按"分二、挂一、揲四、归奇"进行"第二变"。注意：二变中"挂一"时拿出一根木棍仍放入 B 处，以表示正在进行第二变。二变末"归奇"的木棍同理放在 C 处。结果剩下的木棍只能是 40、36或 32。

⑤三变之后，剩下的木棍只能是 36、32、28 或 24，将它们除以 4或给出 4 根一组的组数，只有四种可能：6,7,8 或 9。把结果记录在纸上，单数用"一"（阳）来表示，双数用"--"（阴）来表示。然后在旁边写汉字—"初爻几"。如果最后是 9,就写作"初九"，一定要用汉字写清楚！自此，我们才完成六十四卦卦象中六爻为一卦的第一爻，即初爻。

$$36 \div 4 = 9 （为老阳，画作：\times ）$$

$$32 \div 4 = 8 （为少阴，画作：--）$$

$$28 \div 4 = 7 （为少阳，画作：一）$$

$$24 \div 4 = 6 （为老阴，画作：\bigcirc ）$$

老阴（6）、老阳（9）可能变化，称之为"动爻"或"变爻"；少阴（8）、少阳（7）不变化，称之为"静爻"或"不变爻"。

⑥算完第一爻后，把 49 跟木棍合成一堆，重复第 2 步至第 5 步的操作过程，得到第二爻。

如此这般，一直到第六爻，即上爻出来，我们最终才得到了一个完整的卦象。

特别说明：蓍草占卜最开始算的爻是最下面的，从下到上，直到六爻算毕，就成了一卦。一卦共分六爻，从下到上是初二三四五上，每一爻须算 3 次，所以算一卦共计要算 18 次。

（3）解卦

假设我们已经得到一个卦。每一爻记录下来的 6 个数字按从下到上的顺序是：977797。不难看出此六爻都是阳爻，完成的是一个"乾"卦。

①前面讲过，爻的数字有四种情况：6、7、8或9，7和9是奇数，为阳爻。6和8是偶数，为阴爻。其中"6、9，为可变之爻，7、8为不变之爻"，同为阳爻的7、9也是有差别的，其中7为"少阳"，9为"老阳"。

②解卦的时候，要确定主爻。把六个数字加到一起，例如：977797，9+7+7+7+9+7=46。然后用大衍之数55-46=9。我们从最下面，"初九"开始数，数到最上面又从上面数下来（需要数下来时记住上爻要数两次），一直数到第九个。我们就会发现数到"七四"这一爻。而七为不变之爻，所以，这一次占卜应用"乾"卦的卦辞来占，为"乾，元亨利贞"。也就是说，如果数到不变之爻，用卦辞占。

③如果数到可变之爻，遇到变爻时，需要将变爻"阴变阳，阳变阴"。变化之前的卦是主卦（也叫过程卦），一般代表事项的过程（状态、现象）；变化之后的卦是之卦（也叫结果卦），一般靠之卦给出吉凶判断的结果。产生变爻时，吉凶判断分几种情况：

第一种情况：算出来的六爻当中只有一个爻是变爻，用之卦变爻的爻辞来判断吉凶。

第二种情况：有两个变爻，用卜问时本卦中出现的第二个爻辞来判断吉凶。

第三种情况：有三个变爻，用本卦和变卦的卦辞，以本卦的卦辞为主。

第四种情况：有四个变爻，这时就用变卦的两个不变爻的爻辞来判断吉凶。

第五种情况：有五个变爻，用变卦的那一个不变爻的爻辞来判断吉凶。

第六种情况：有六个变爻，分两种情况：一是六爻都是阳爻，即乾卦；或者六爻都是阴爻，即坤卦。如果是乾卦，就用乾卦"用九"的爻辞判断吉凶。如果是坤卦，就用坤卦"用六"的爻辞判断吉凶。除了这两种情况之外的其他六爻全变的情况，就用变（之）卦的卦辞来判断吉凶。

第七种情况：六爻一个都没变，这时用本卦的卦辞来判断吉凶。

④然后到周易书中找相关爻辞卦辞分析

除去《系辞传》中这一"正统"的起卦、解卦方法外。还有一些衍生出来的或是被简化的占卜法。

2. 梅花易数占卜

梅花易数以先天八卦为主，起卦之卦数，即以先天（排序）——乾一兑二震三……坤八为例。所谓先天为主，是指比较重视卦本身阴阳五行的生克对待，而对于后天《周易》之文辞，相对的只有参考而已。简单来说，先天重气化，阴阳五行之基本架构；而后天才开始有人文典章制度，工巧艺术。这也就是为何伏羲八卦仅有图像，而无文字，而《周易》卦文皆有之理。所以梅花易数的核心架构，即是"体用"，是观察其生克变化的一门学问。

所谓"体用"，就是重视阴阳；体常静而为阴，用常动为之阳。故卦分上下为内外卦，爻动者为用卦，静而不动者为体卦。体为阴，阴者不可克，克之则伤！体卦宜强不宜弱，弱则此事不可为也。在实际卜卦过程中，先定出体、用卦；如卜得风水涣卦第五爻动，故知内卦不动是体卦，外卦动为用卦。体卦属木，用卦属水，用生体，则主事易成。再看体用卦衰旺如何？如果木逢春季则吉，逢金月则衰。另外互卦（与本卦六爻都相反的卦）变卦也须考虑；简言之，本卦是事情的状态，互卦是事情的过程，而变卦为事情的结果。而它们之间五行衰旺生克，是卜卦结果的重要依据。

3. 数字占卜法

数字占卜法是梅花易数占卜方式的衍生，是根据可数事物得到卦象的方法。大致可以分为单位数和多位数两种起卦法，单位数起卦要

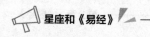

加时辰作内卦。多位数起卦一般一分为二，即分二段各除以八，并分别以余数作上、下卦。逢多位数时数位少的一组作外卦，数位多的一组作内卦，以对应天清地浊，天轻地重，阳少阴多的自然法则。

具体的步骤和方法：用"卦除以八，爻除以六"作为起卦法则，将物体的数量除以8，以余数为上卦；以当时的时辰数除以8，以余数为下卦；将物体数量加上当时的时辰数之和除以6得动爻。

如：上午10时看到天上飞过一群大雁，计12只。以12除以8得余数4，取震四为上卦。上午10时对应着巳时，对应数字为6，取坎六为下卦。总卦象就是震坎雷水为解卦。然后取动爻：12+6 = 18，18除以6得整数倍，即余数为0，取上爻为动爻，然后在易经六十四卦中找出对应的卦象及爻辞，就可以进行预测了。还可以根据动爻可求得变卦为上离下坎，得离坎火水为未济卦。

我们可以用电话号码、手机号码、身份证号码、居住地门牌号与楼层号、每个人的年龄生日等，这些可数之物都可以进行起卦。例如以手机号15927582430为例，取后四位2430，2+4 = 6得上卦坎六，3+0 = 3得下卦离三，即得坎离水火为既济卦。2+4+3+0 = 9，9除以6，余数为3，得三爻动爻，然后在易经六十四卦中找出对应的卦象及爻辞，就可以进行预测了。还可以根据动爻求得变卦为上兑下离，得兑离泽火为革卦。

4. 简易占卜法

（1）随机占卜

随机（比如翻书，抽扑克，看时间，随心报数……）取三个数，可以是三个均一位的数，也可以是三个多位数。然后以第一个数为上卦，第二个数为下卦，第三个数为动爻，根据上述惯例求出卦象和动爻。比如482，则上卦为4为震，下卦为8为坤，得震坤雷地豫卦。动爻为2，然后查看动爻的爻辞和白话注解即可大概知道吉凶。震（4）坤（8）

雷地为豫卦二爻。豫卦六二：介于石，不终日。贞吉。《象》曰：不终日，贞吉，以中正也。

上下卦数大于 8 的，除以 8 取余数作为卦数；动爻数大于 6 的，同样除以 6 取余数作为动爻。比如 17，25，19，其中 17 除以 8 余 1，得乾一为上卦；25 除以 8 余 1 得乾一为下卦，19 除以 6 余 1，得初爻为动爻（动爻数余 1 看"初爻"，即是第一爻；动爻数余 6 看最后一爻，即是"上爻"）。求出乾为天，初爻爻辞为"初九：潜龙勿用"。

对爻辞含义的理解必须找出字面意思与所测事情的内在合理联系，不可望文生义。因为爻辞只不过是古代人们根据当时的社会生活内容和他们自己的理解给卦爻添加的注释，并未穷尽卦爻本身的丰富内涵，更不可能在字面上包含现代生活的内容。爻辞的理解可以结合一些辅助的规则进行更深入的判断。

（2）时间占卜法

以问卦人的出生或是来问卦的年月日时作基数。先以年、月、日为上卦，年月日加上时为下卦，再以年月日时总数取变爻。年份的数字按十二地支对应的数字来取数。如子年为一数，丑年为二数这样一直推到十二数。月份的数字按几月就是对应数字几来取数。日数的取数同月份的取数一样，如初一为一数，直到三十日为三十数。时的数按十二地支对应的数字来取数。如子时一数，直到亥时为十二数。

起卦时，以年月日对应的数字之和，除 8，以其余数为上卦。以年月日的数再加时数，合计数除以 8，以其余数为下卦。其年月日时的总数，用 6 除，求得动爻，也就是变爻，由之可得变卦。

（3）测字占卜法

①笔画占卜法

也就是拆字法，按照字的笔画起卦。具体分为：

一字一占，以单个字笔画起卦，也就是直接取其笔画，以左为阳，

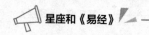

右为阴，上为阳，下为阴为原则，居左或居上者是几画，取为上卦，居右或居下者是几画，取为下卦。如果是笔画多的字，上卦下卦还是用八除。再用整个字的总画数，用六除，就得出变爻了。

如某个字（必须是繁体字）清晰新鲜，则取其笔画，以左为阳，右为阴，或上为阳，下为阴。居左者或居上者看有几画，居右者或居下者看有几画。以笔画数多少来取卦，如果笔画数大于八画，则除以 8，以其余数取卦。取左者或上者为上卦，取右者或下者为下卦。再以字的总笔画数用六除，求其动爻。然后在易经六十四卦中找出对应的卦象及爻辞，就可以进行预测了。

②断字占卜法

如果是两个的字占，就需要用断字法分别取上下卦。具体的办法是：如果是偶数个字，就平均分为两半，前一半取为上卦，后一半取为下卦。如果是奇数个字就用少一个字的取为上卦。根据是天清轻于上，地浊重于下。

然后再用笔画法、字的个数法或声调法等起卦。

二字占，平分两仪，也就是左边的字和右边的字为上下卦。以左边的数用八除，余数为上卦，下面的用同样的方法除后，以得到的余数作下卦。两个字的总笔画用六除，得到的是变爻。

三字占，第一字为上卦，第二字为下卦，再以第三字为变爻。用人的姓和名字起卦，以姓的笔画为上卦，名字笔画数为下卦，三字的总笔画数以六除，余数就是变爻。

四字占，两字为上卦，两字为下卦。五字者，两字为上，三字为下。六字者，三字为上，三字为下。七字者，三字为上，四字为下。八字者，四字为上，四字为下。九字者，四字为上，五字为下。十字者，五字为上，五字为下。这些卦的变爻取法呢，和二字占的取法是一样的。十一字以上的话，到百来字都可以起卦，以一半为上卦，一半为下卦，字的总数，用六除就能得到变爻。

2.3.2 《易经》会对你说什么

你遇到问题了，想知道解决的办法；你最近要做重大的决定了，想得到一些指导；或是你想预测一下某件事的未来变化情况；或者是你想理清楚自己当前所处的形势。原则上这些《易经》都可以告诉你，但是，要记住：《易经》不能也不会直接告诉你解决问题的办法，更不会帮你做决定。能给你一些指导是肯定的，预测形势（事态）是《易经》的强项，可它就是不能给你直接下结论。

"设卦观象系辞"，是《易经》表达思想的方式。在这个表述体系中，易"辞"所说出来的，并不是什么抽象的概念，或是让你去猜想的东西。而是指引向"象"，给出易"象"所表征的触及人生命存在的当下情境。这就像是伏羲画卦，古代人们卜筮得到一个图案，就去和伏羲的八卦对照，像一个吉卦事情就能成功；假如是和一个凶卦的"象"很相似，那这件事情最好就不要去做了。《易经》的体系把这个过程完成得更加严密、精巧。《易经》给出的"象"并非静态抽象的符号分类，而是在卦爻之时位变化及与人的互动关系中所形成的一个动态系统。辞以断吉凶，"吉凶"触及人的生命存在。"卦以存时"，卦爻之间构成的时空关系决定了人吉凶休咎的时机和切身处境。易"辞"告诉你最好、最应该怎样做，实际上是把"道——儒家的做人之道"带入你生活的方方面面。而《易经》通过"阴阳""五行""天体运行"建立起来的体系，完全可以做到个性化、时机化、独特性的处身情境、机缘、道理中可予以实证的完整性。

1.《易经》卦爻体系的不变与变

在"起卦"时，"天一"是不变的；而"变爻"是要颠倒变化的。道理何在？

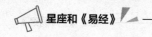

第一，"大衍之数"。

在"起卦"的开始我们选了50根蓍草，拿出一根不用代表"天一"或是"太极"。这个好理解，"老天爷"在上我们无法左右他老人家的行为，就"随之任之"吧。

但是，古代人一直认为，"天数"是1、3、5、7、9，它们之和是25；"地数"是2、4、6、8、10，它们之和是30。天地数之和是"55"，为什么"起卦"不用55，而用50呢？实际上，这个问题自古以来人们就注意到了。最贴切的应该是东汉末年经学大师郑玄（郑康成）的解释："天地之数五十有五，以五行气通，凡五行减五，大衍又减一，故四十九也。衍，演也。天一生水于北，地二生火于南，天三生木于东，地四生金于西，天五生土于中。阳无偶，阴无配，未得相成。地六成水于北，与天一并；天七成火于南，与地二并；地八成木于东，与天三并；天九成金于西，与地四并；地十成土于中，与天五并。大衍之数五十有五，五行各气并，气并而减五，唯有五十。以五十之数不可以为七八九六卜筮之占以用之，故更减其一，故四十有九也。"

第二，"变爻"的问题。

为什么9、6是变爻，而7、8不是？《周易大传今注》是这样解释的：七，少阳代表"春"；九，老阳代表"夏"。都是阳气胜于阴气的时节，阳气由"七"到"九"是一个渐进的过程，但"七"后面的"九"，阳气还在，所以七是不变爻。八，少阴代表"秋"；六，老阴代表"冬"。都是阴气胜于阳气的时节，阴气由"八"到"六"也是一个渐进的过程，但"八"后面的"六"，阴气还在，所以八是不变爻。

而九老阳、六老阴对应的是阴阳之气变换的时节，也代表了事物由盛到衰、映像由亏转盈的过程，所以九六是变爻。

2."解卦"主要看什么

三国时期魏国玄学家，《周易注》的作者王弼认为，考察《易经》

的运行应该主要注意三个方面：第一，"时义"，也就是每一卦都表达了一种"时"，这个"时"是指事物运动发展中所遵循的某种特殊的规律。我们理解是指一卦，或者是求卦者所处的时间序列；第二，"爻位"，就是卦中六爻每一爻的位置属性和各个爻之间的联系变化。对应第一，当然就是空间位置了；第三，卦时和爻位，卦时统治爻位。这个需要辩证地看，要"天时地利"，才能"人和"。相同的"占断"要根据"卦时"也就是每一卦所处的具体时间、地点而有不同的解释。

（1）时义

怎样才能了解每卦卦时（时义）的意思呢？王弼认为可以根据《彖传》的解释了解每卦的时义。《彖传》的解释来自对卦象的分析，具体有两种方法：或从一卦的六爻中起主导作用的一爻所象征的意义得出，或从上下经卦象征的意义得出。"凡彖者，通论一卦之体者也。一卦之体必由一爻为主，则指明一爻之美以统一卦之义，大有（卦）之类是也；卦体不由乎一爻，则全以二体之义明之，丰卦之类是也。"

①观察主爻

怎样确定六爻中的哪一爻是主爻呢？他给出了两个途径：

首先，观察中爻。所谓中爻，是指处于上下经卦中部，即二、五位置的爻。他认为，"中"在人类社会中有着最重要的意义（尤其是在中国）。如军队中的"中军"，朝廷里的"省中"，道德品质方面的"中庸"等，都表明了"中"起主导作用的价值功能。"夫古今虽殊。军国异容，中之为用，古未可远也。"

再者，观察卦中是否只有一个阳爻或一个阴爻。如果六爻中有五个阳爻，那么剩下的一个阴爻就是主爻。如果六爻中有五个阴爻，那么剩下的一个阳爻就是主爻。这就是"执一统众"的思维，它来源于人类社会中君主、官长对民众的统治的实践活动。"夫众不能治众，治众者，至寡者也……故六爻相错，可以举一以明也。"

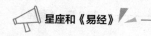
②观察上下经卦象征的意义

而《易经》中能以一爻来确定卦义的情况并不多，只有23卦。大多数卦的时义是由上下经卦象征的意义而确定的。比如，丰卦䷶，下离☲，上震☳。离象征火、闪电，具有光明之义；震象征雷，雷声震动，具有唤醒万物之义。《象传》以雷电交加解释丰卦卦象："雷电皆至，丰。"王弼认为上下经卦的结合象征着：闪电的光耀伴随着震雷，照亮了大地，唤醒了万物，犹如有德的君主无幽不见，恩及万物。所以他解释为："阐弘微细，通夫隐滞者也。"就是说：使微小者发扬光大，使停滞者顺畅通达。

所谓"时义"，指社会时势，古人称之为"时运"。孔颖达为六十四卦概括了四种时运："一者治时，颐养之世是也；二者乱世，打过之世是也；三者离散之时，解缓之世是也；四者改易之时，变革之世是也。"但《易经》各卦并不是简单的吉凶分类，人们应该采取积极有为和静观其变两种处世方式。处于光明吉利的社会时势，就要不失时机地积极参与，不可消极隐避；处于黑暗凶险的社会时势，就需要静观其变，不可妄动。

（2）爻位

《易经》中六爻象征着变化的万事万物。就像王弼所说："夫爻者，何也？言乎变者也。"这种变化的根源是什么呢？"变者何也？情伪之所为也。"情，指真情；伪指与真情相反的假象。"情伪"的存在及其与各种外在条件的结合，使整个世界看起来千变万化，无一定之规。《易经》是怎样模拟各种现象之间的复杂关系呢？答案就在六爻的变化之中。王弼把六爻之间的相对变化关系称之为爻象或爻位，给出了它们之间的六种相互关系：

①"夫应者，同志之象也。"这是指六爻中初与四、二与五、三与上如果是一阴一阳，则互相应和，象征能得到他人的帮助；如果是一阳

一阳或一阴一阴、则无应，象征得不到相应的帮助。

②"位者，爻所处之象也。"二、四为阴位卑位，阴爻处于二、四位置叫"得位"。三、五为阳位尊位，阳爻处于三、五位置叫"当位"。当位的爻，象征人或事物发展合乎王道规范；不当位的爻，象征违反了正道、常规。是否当位，影响该爻的安危。

③"承乘者，顺逆之象也。"以下爻对上爻叫做承，以上爻对下爻叫做乘。阴承阳为顺，阳承阴为逆；阴乘阳为逆，阳承阴为顺。阴爻象征卑弱者，阳爻象征尊贵者，故有顺逆之说，逆则困厄，顺则通达。

④"远近者，险易之象也。"指某一爻距离象征险难或吉利经卦的远近而言。如需卦，上卦为坎，象征险难。下卦的三爻中，初爻离坎卦最远，所以安全（易）；三爻离坎卦最近，所以危险。

⑤"内外者，出处之象也。""内"指下卦，象征"处"，"外"指上卦，象征"出"。位于内卦的爻象征"安居"（家，自我的象征）；位于外卦的爻象征"外出"（社会，他人的象征）。

⑥"初上者，终始之象。"初，指初爻；上，指上爻。初上爻阴阳之位，象征事物发展过程的开始和结束。

（3）卦时与爻位

以卦时统帅爻位。"夫卦者，时也；爻者，适时之变者也。"爻位产生的爻辞对卦时有很强的依赖关系，而且，爻位的意义，也会随着卦时的时义不同而变化。

例如，"比、复好先"就是这个意思。比卦的时义是亲近，辅助；复卦的时义是反本，亲近辅助和反本都有利于领先者。初爻象征开始，领先，所以两卦的初爻都比较好。比卦初六爻辞：诚信吉祥。复卦初九爻辞：遵循正道，非常吉祥。

再看，"乾、壮恶首。"同样是领先者，就不会吉祥了。乾卦的时义为强健，大壮卦的时义为盛壮，强健和盛壮都需要循序渐进，都反

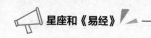

对领先者。初爻为一卦之首，象征开始，有领先之义，故这两卦的初爻都不好。乾卦初九爻辞：巨龙潜伏于深水，不施展才能。大壮卦初六爻辞：进去必有凶险，应诚信自守。

3.《易经》占断（词）

《易经》的卦爻辞虽说大多是为你分析形势、指明方向的，但也会给出一定的占断结论来。称之为指示"休咎"。表示的方法（词汇）主要有7种，吉、利、吝、厉、悔、咎、凶。

（1）吉

可分为：吉、初吉、中吉、终吉、贞吉、大吉、元吉、引吉，它们是依据事情所处的时段而断占的。贞吉，是占则吉。大吉、元吉、引吉意思基本相同，都是很吉利的意思。例如：

谦卦九三：劳谦君子有终，吉。

无妄卦初九：无妄往，吉。

兑卦初九：和兑，吉。

这些爻辞都是表明，因为某种行为，其结果吉祥。"劳谦"就是有功劳而又能谦虚；"无妄往"，即不荒诞地行动；"和兑"，即和悦。也就是说，爻辞里的"吉"字，是与一定的行为相对应的。《易经》讲"变"，在一定的条件下，吉凶是可以转化的。例如：

需卦上六：入与穴，有不速之客三人来，敬之终吉。

讼卦：有孚，窒惕，中吉，终凶。

"不速之客"，不请自来的客人。不请自来，本属不详之征兆，但爻辞认为，若能恭敬他们，就可以化险为夷，而终有吉。"有孚，窒惕"，有诚信，但放弃了警惕。爻辞认为以这样的态度去行诉讼之事，中间(过程）可能吉利，最终却是凶险。

（2）利

表现方式为：无不利、无攸利、利某事、不利某事、利某方、不利某方、利贞等。

谦卦六四：无不利，㧑谦。

临卦九二：咸临，吉，无不利。

谦卦六四的"利"，柔而得正，上而能下，其占无不利矣；而临卦九二中，"咸"交感的意思，咸临，以感化的方式治理，吉，没有不利。

"利"字在《易经》中，并不是要让你"得益"，"占便宜"。而是提醒人们应该怎样做，怎样做有好处，怎样做没好处。为我们指明方向，以求"趋吉避凶"。

（3）吝

表现方式为：吝、小吝、终吝、贞吝等。

《说文解字》解释：吝，悔恨，痛惜。字形采用"口"作边旁，"文"作声旁。《易经》上说："长此以往将会后悔。"

蒙卦六四："困蒙，吝"，"蒙"，即蒙昧、幼稚。"困蒙"即困于蒙昧、幼稚，所以为吝。悔恨，痛惜。要想摆脱蒙昧、幼稚，首先要脱困，困境不脱，必然会少小不努力，老大徒伤悲。

巽卦九三：频巽，吝。巽象征顺从，频巽，皱着眉头顺从的意思，心情能好吗？所以，吝。

（4）厉

厉，孔颖达解释为："厉，危也。"表现形式为：厉、有厉、贞厉。

乾卦九三：君子终日乾乾，夕惕若，厉无咎。终日戒慎恐惧，自强不息。"夕惕若"是说即使到了晚上，还心怀忧惕，不敢有一点松懈。这是警示人们，要终日抱有警惕之心，做到了这一点，即使遇到险情，也不会犯错误。

睽卦九四：睽孤，遇元夫，交孚，厉无咎。"睽孤"处于孤立无援的状态，"遇元夫"遇到同命相怜的人，"交孚"交相诚信。虽然遇到危险，也不会有咎害。

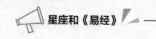

告诫我们危险并不可怕，只要出发点正确，时刻存有戒备心理，总是会转危为安的。

（5）悔

悔，懊恼过去做得不对：后悔、懊悔、悔改、悔恨、悔悟、追悔莫及。爻辞中有：有悔、吝悔、终悔等。

乾卦上九："上九，亢龙有悔。"意为龙飞到了过高的地方，必将会后悔。居高位的人要戒骄，否则会失败而后悔。也形容倨傲者不免招祸。

蛊卦九三：干父之蛊，小有悔，无大咎。这里的"蛊"是指一种被蒙蔽、诅咒的意思。在蒙昧中就去整治弊乱，不清楚避乱的情况，有可能措施不得当，也有可能效果不理想，所以会有小的遗憾，但总体无大的过咎。整治弊乱的大方针是对的，具体细节有问题，是不会影响大局的。只要把弊乱的因果关系弄清楚即可。

（6）咎

咎，灾也。《说文解字》中说：从人，从各。从各，表示相违背。违背人的心愿。爻辞中的表现：为咎、匪咎、何咎、无咎。

夬卦初九：壮于前趾，往不胜为咎。"壮于前趾"是躁动的表现。爻辞的意思是，不能取胜而急于前往，是招致咎害之道。提醒我们，做事不能逞能，要量力而行，否则，必然事与愿违。

离卦初九：履错然，敬之，无咎。是说步履敬慎不苟，而又有警惕，则没有灾患。无咎的前提是"敬之"，谨慎自守，恭敬警惕。

（7）凶

凶，恶也。恶果则遭殃，所以，凶是祸殃。爻辞中的表现为：凶、有凶、终凶、贞凶等。

师卦初六：师出以律，否臧，凶。军旅出征，必须纪律严明，军纪不善，必遭凶败。提示我们，无论做什么事情，都不要违背其规律，否则，必然导致失败。

复卦上六：迷复，凶，有灾眚，用行师，终有大败，以其国君凶，至于十年不克征。迷复，就是迷途而不知返，大凶，用于征伐恐怕大伤元气，以至于十年都无法复原。告诫我们，凡事要小心谨慎对待，有忧患意识，居安思危，防止腐败堕落，慎重开启事端，十年生聚，休养生息才对。

2.3.3 《易经》的"人道"

《易经》的占断反映了"天一"或是"上帝"的存在；反映了我国古代一直倡导的"天人合一"的关系；当然也反映在社会和人的方方面面。《易经》利用卦爻辞基本上是通过三种类型来进行占断的。

1.《易经》卦爻辞占断类别

（1）卦爻辞"就事而记"

"就事而记"就是利用古代记载下来的故事来指示休咎。例如，既济卦九三爻辞说："高宗伐鬼方，三年克之；小人勿用。"；未济卦九四："贞吉，悔亡，震用伐鬼方，三年，有赏于大国。"。所记述的都是殷高宗讨伐鬼方国的故事，有一个名字叫"震"的周人协助了他，打了三年才最终获胜。是告诫我们成功不是一蹴而就的，同时用人也必须得当。又，大壮卦六五爻辞："丧羊于易，无悔。"旅卦上九："鸟焚其巢，旅人先笑，后号咷；丧牛于易，凶。"两个卦的爻辞相当，说的都是殷先祖王亥的故事。殷朝的先祖王亥很会驯服牛马，所以他养了很多的牛、马、羊，于是他坐着牛车，赶着牛群羊群，到河北的有易部落进行商业贸易活动，结果被那里的人们杀害并抢走了他的牛羊。王亥本是一国之君，结果却离开君王之位到远方去做生意，这便是"位不当也"。而六五以柔爻居于尊位，也属于"位不当也"，但是他能够与九二相应，并且还与九四相合，所以不会发生悔恨的事情。

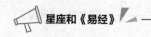

采用古代故事来起到"教化"的作用，一直都是有的。例如，《左传·僖公二十五年》：秦伯师于河上，将纳王。狐偃言于晋侯曰："求诸侯，莫如勤王。诸侯信之，且大义也。继文之业而信宣于诸侯，今为可矣。"使卜偃卜之，曰："吉。遇之兆。"

其中上文所说，关于"黄帝战于阪泉"，《大戴礼记五帝篇》记述为："教熊罴貔豹虎，以与赤帝战于阪泉之野，三战然后得行其志。"《左传》和《大戴礼记》都采用了记述古代故事的方式，所以《易经》中讲了许多类似的故事。

（2）记述象占的卦爻辞

这个更像是"寓言故事"，所说的事情并不一定是真正发生的，使用一种常见的、更能说明道理的事情来给出占断，讲解儒家的"人道"。下面给出两个实例。

井卦九二："井谷射鲋，瓮敝漏。"是说，投射井中的小鱼，结果水罐被碰破而漏水。意思是讲用水罐打水时投射井中的小鱼，结果倒把水罐打破了，得不偿失。

睽卦六三："见舆曳，其牛掣；其人天且劓。无初有终。"是说，赶牛车前行，牛没有用力拉，赶车的人努力去拉，他哪里有牛的力气大呀。那种感觉就像是古代犯了重刑的人被脸上刺字、割鼻子一样的生活艰难。但是他不断地努力，最终会有好的结果。

这样的比喻在《易经》中屡见不鲜。它们都有一个共同的特点，就是前面先说出某种现象，后面再作出种种吉凶祸福的推断。

（3）直接表示吉凶的占断辞

《易经》最初和基本的作用就是用来占断的，所以这些直接论断休咎的语句也就占了很大的比例。但是，也不是简单地给出结论，而是类似前两种情况一样，要做比喻、铺垫的。泰卦六五："帝乙归妹，以祉元吉。"明夷卦六五："箕子之明夷，利贞。"升卦"王用亨于岐山，吉，无咎。"也有承接象占的说法而延续的，如大畜卦六四："童牛之牿，元吉。"中孚卦上九："翰音登于天，贞凶。"这里，"帝乙嫁于妹，因为有福祉而成为最吉祥的婚姻，吉。""箕子的坚守正道，使光明不致熄灭。利贞。""王在岐山祭奉神灵，吉利，无所怪罪。无咎。"都是直接给出明确的占断，表现得更具体，得失、厉害都在爻辞之中。

2.《易经》中的"天道—人道"

原始人，通过卜筮去裁定和指导他们的行为，完全决定于外在的神，比如，祖宗神、自然神及上帝。《易经》初现的商朝以神为本，神权独尊、巫祝贞卜至上，以神权来维护对国家、部族的统治。周人则意识到"天命非常"的变易思想，创立了"天人合一"的哲学思想，以"敬德保民"。所以，《易经》里"天人、天道、人道"的词语和思维是一直贯穿始终的。

（1）卦爻辞中的"上帝"

《易经》出现的"上帝"，是"帝""天帝"，是代表人民去祭祀"天"的那个人。益卦六二："或益之十朋之龟，弗克违，永贞吉，王用享于帝，吉。"王在举行祭祀前，先占筮。其占筮结果是吉即举行祭祀，当然能给人民带来福佑。

（2）卦爻辞中的"天"

大有卦九三："公用亨于天子，小人弗克。"

有与天沟通资格的统治者，天子——天的儿子，他的作为是为了以神道教化天下的百姓，使人民像乐于服从天一样服从于天子。

大有卦上九："自天佑之，吉无不利。"

天佑什么样的人，顺从天道的人。"天助顺，人助信，又顺又信有尚贤，故天助之。"

大畜卦上九："何天之衢，亨。"

得天佑，畅通无阻。

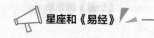

姤卦九五："以杞包瓜，含章，有陨自天。"

告诉人们，上天有赏罚的权能。

（3）天对人的态度

《易经》里的天，兼有人格的天和自然的天的意思。人格天又有神格天的属性，所以，多有祭祀的意思。

蒙卦卦辞："亨。匪我求童蒙，童蒙求我。初筮告，再三渎，渎则不告。利贞。"是说，占卜之人为求吉，再三占卜，自以为"蒙"而亵渎了占卜师和"天"的权威。

关于祭祀，既济卦九五："东邻杀牛，不如西郊之禴祭，实受其福。"祭祀在于诚信，在于一种"感"。也就是说，祭祀的主要目的，不是在于敬天，而是在于律人。天命虽由神的意志而决定，但决定的标准却在于人的道德。

（4）天人合一

天人合一体现在卦爻辞中，就是要把天意和人事紧密相关，作用就是把从上天获得的启示转化运用到人本身。作为占卜之书的《易经》以自然和社会现象的运动变化推演人事的成败得失，因此就成为人们立身处世的指南和依据。所以《系辞上传·第二章》说：

圣人设卦观象，系辞焉而明吉凶，刚柔相推而生变化。是故吉凶者，失得之象也。悔吝者，忧虞之象也。变化者，进退之象也。刚柔者，昼夜之象也。六爻之动，三极之道也。是故，君子所居而安者，《易》之序也，所乐而玩者，爻之辞也。是故君子居则观其象而玩其辞，动则观其变而玩其占，是以"自天佑之，吉无不利"。

乾卦卦象："天行健，君子以自强不息。"孔颖达解释为："天以健为用者，运行不息。应化无穷，此天之自然之理。故圣人当法此自然之象而施人事。"

蒙卦卦象："山水蒙，艮为山，坎为泉，山下出泉。"柔弱的泉水，坚韧的品性，君子的象征。

（5）《易经》中的吉凶转化

《易经》认为，吉凶的成因，不外乎两者：客观环境和主观人为。不同的客观形势造成人们相异的命运。客观环境好，处境有利；反之，祸患及身。从善者吉，作恶者凶。而这里从善、为恶的定义，就是人的道德品质的评价。《易经》强调变易，所以，善恶、吉凶是可以相互转化的。趋吉避凶、善恶转化之道，在于"天道"和"人道"的融合，以及时时刻刻的"遇险自惕"。

泰卦九三："无平不陂，无往不复，艰贞无咎，勿恤其孚，于食有福。"意思是，遭遇艰险是正常的，坚贞，无往不胜，会得到福祉的。

乾卦九三："君子终日乾乾，夕惕若厉，无咎。"

君子，每时每刻的小心谨慎，虽然可能遭遇风险，终究是会能够克服而畅通无阻的。

第3章

信　仰

　　星座也好、易经也罢，都反映出人类对自我存在的不确信。就像我们的祖先——原始人类，他们面对生活中的种种困难时，许多情况下都是依赖于自我的"本能"。而随着社会的发展、人类科学技术水平的进步，我们有了更多处理所面临困难的方法和手段。但是，不要忘了，即使是再好的方法和手段，你也要熟知它的"使用说明书"。很多人或是搞不太懂，或者是根本就没有认真去读那各种各样的"使用说明书"，在更多的情况下，我们处理问题还是与我们的祖先一样——依赖于"本能"。而人类本能在文化中的具体体现，就是"信仰"和"信仰文化"。也就是说，我们可能还是在人生的大多时间里，把自己的灵魂和肉体托付给了"上帝"。

　　"本能"作为词语解释为："某一动物中各成员都具有的典型的、刻板的、受到一组特殊刺激便会按一种固定模式行动的行为模式。"作为一种高级动物，人的本能有许多。

　　食物、性是人类最基本层次的本能。孟子云："食、色，

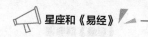

性也。"

厌恶、好奇心、荣誉感（道德）、复仇、独立，属于个人兼顾社会的层面，也是出于本能。

社会声望、秩序、社会交往、公民权、家庭，就应该算是结合人类精神和肉体的最高层面的本能。

看来"本能"是无所不在的。

3.1 信仰是天人合一的原始信念

信仰，有人有，也有人无。有人说，信仰在西方就是宗教；在中国就是"天道人伦"。其实，看看信仰的"定义"——信仰指对某种主张、主义、宗教或对某人、某物的信奉和尊敬，并把它奉为自己的行为准则。发现它与"本能"有着很多的相似之处。我愿意相信这样的观点，信仰就是一个人的"三观"，并不一定你信教或你加入了某一个组织，你就有信仰了。或者说，一个人的信仰是时时处处存在的，而且还会随着环境和时代的变迁而改变。

3.1.1 图腾

人类最早的信仰，应该是体现在他们族群的图腾之中。

所谓图腾，就是原始时代的人们把某种动物、植物或非生物等当做自己的亲属、祖先或保护神。相信他们有一种超自然力，会保护自己，并且还可以获得他们的力量和技能。在原始人的眼里，图腾实际是一个被人格化的崇拜对象。图腾是群体的保护神。也可以说，图腾集中了原始人类所能想到和期盼的本能存在。

1. 原始崇拜

图腾广泛存在于世界各地，包括埃及、希腊、阿拉伯地区、以色列、日本及中国等；图腾崇拜的对象也极为广泛，有动植物、非生物及自然现象，其中以动植物为主，动物又占绝大多数。

为什么动物会占多数呢？这是源于原始人的眼界狭隘和氏族制度的特点。原始人不懂得男女媾和繁衍人类的道理，而认为本氏族的祖先与某种动植物，特别是动物有密切联系；氏族的祖先就是图腾动植物的化身或转世。在原始的初民社会中，人们除了动植物外，还能怎么解释人类的起源呢？动物在许多地方与人相似，又有许多人类没有的（本能）优势，如鸟能在空中飞，鱼能在水中游，爬虫会蜕皮，又避居于地下……这一切，都正是初民们把动物放在图腾对象第一位的原因。

图腾在母系氏族社会时期比较盛行。在母系社会阶段，生产力低下，人们在严酷的自然环境里生存、繁衍，他们的生产方式主要是采集和渔猎。人们还不能独立地支配自然力，对自然界充满幻想和憧憬。到父系氏族社会时，生产力逐步提高，人们也逐渐形成了独立意识，从而在日常的生活中否定了自己同动植物的亲属关系。此时，图腾信仰也就接近尾声了！但在历史中，图腾信仰并未完全销声匿迹，它还在文化、艺术、生理等方面产生着影响。

这样，图腾（文化）经历了三个发展阶段，也基本符合人类社会的发展进程。

（1）初生阶段，这一时期，图腾对象与自然形态极为相似。

（2）鼎盛阶段，这一时期，生产力发展，想象力提高，同时，祖先意识加强，形成了"兽的拟人化"。初民把图腾对象赋予了人的部分特征，图腾形象开始达到半人半兽的图腾圣物（见图 3.1）。很明显地可以看出，武士有与其背景图案的鸟相似的嘴，以及与蛇一样的发型。

（3）图腾对象开始转入了祖先崇拜。更多地具有抽象性的特点。

图 3.1　埃及的武士图腾

图腾的基本特征（以图腾观念为标志，它是原始宗教的一种形式，又包含氏族的一些制度）：

①每个氏族都有图腾。

②认为本氏族的祖先与氏族图腾有血缘关系或某种特殊关系。

③图腾具有某种神秘力量。

④图腾崇拜有些禁忌。禁止同氏族成员结婚；禁杀图腾物。这是最重要的两种禁忌。

⑤同一图腾集团的成员是一个整体。

2. 图腾文化

图腾一词来源于印第安语"totem"，意思为"它的亲属""它的标志"。"totem"的第二个意思是"标志"。就是说它还要起到某种标志作用。图腾标志在原始社会中起着重要的作用，它是最早的社会组织标志和象征。它具有团结群体、密切血缘关系、维系社会组织和互相区别的职能。同时通过图腾标志，得到图腾的认同，受到图腾的保护。图腾标志最典型的就是图腾柱，在印第安人的村落中，多立有图腾柱，在中国东南沿海考古中，也发现有鸟图腾柱（见图 3.2）。浙江绍兴出土一战国时古越人铜质房屋模型，屋顶立一图腾柱，柱顶塑一大尾鸠。故宫索伦杆顶立一神鸟，古代朝鲜族每一村落村口都立一鸟杆，这都是图腾柱演变而来的。作为最原始的一种宗教形式，图腾是表现在生活的方方面面的。

图 3.2　鸟神图腾和鸟图腾柱

（1）旗帜与族徽

中国的龙旗（见图 3.3），据考证，夏族的旗帜就是龙旗，一直沿用到清代。古突厥人、古回鹘人都是以狼为图腾的，史书上多次记载他们打着有狼图案的旗帜。东欧许多国家都以鹰为标志，这是继承了罗马帝国的传统。罗马的古徽是母狼，后改为独首鹰，公元 330 年君士坦丁大帝迁都君士坦丁堡之后，又改为双首鹰。德国、美国、意大

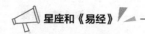

利为独首鹰，俄国（原始图腾为熊）、南斯拉夫为双首鹰，表示为东罗马帝国的继承人。波斯的国徽为猫，比利时、西班牙、瑞士以狮为徽志。这些动物标志不是人们凭空想象出来的，它源于原始的图腾信仰。

（2）服饰

瑶族的五色服、狗尾衫用五色丝线或五色布装饰，以象征五彩毛狗，前襟至腰，后襟至膝下以象征狗尾。畲族的狗头帽（见图3.4）。据畲族传说，其祖先为犬，名盘瓠，其毛五彩。盘瓠为人身狗首形象。

图 3.3 中国的"龙旗"

图 3.4 畲族人的狗头帽

（3）文身

台湾土著多以蛇为图腾（见图 3.5），有关于百步蛇为祖先化身的传说和不准捕食蛇的禁忌。其文身以百步蛇身上的三角形纹为主，演变成各种曲线纹。广东疍户自称龙种，绣面纹身，以像蛟龙之子，入水可免遭蛟龙之害。土蕃奉猕猴，其人将脸部文为红褐色，以模仿猴的肤色，好让猴祖认识自己。

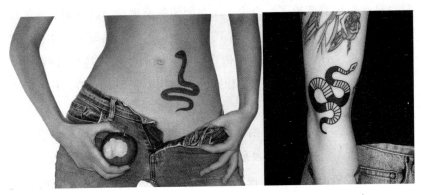

图 3.5 （百步）蛇纹身演绎着现代版的偷吃禁果的故事

（4）舞蹈

即模仿、装扮成图腾动物的活动形象而舞；塔吉克族人舞蹈作鹰飞行状；朝鲜族的鹤舞；东南亚各国的龙舞、狮舞都如此。

图腾崇拜首先要敬重图腾，禁杀、禁捕，甚至禁止触摸、注视，不准提图腾的名字。图腾死了要说睡着了，且要按照葬人的方式安葬。尼泊尔崇拜牛，以之为国兽，禁杀、禁捕，禁止穿用牛皮制品。因国兽泛滥，不得不定时将其"礼送"出国。其次要定时祭祀图腾。

一般来说对图腾要敬重，禁止伤害，但有时却有极其相反的情况。有的部落猎取图腾兽吃，甚至以图腾为食物。之所以猎吃图腾兽，是因为图腾太完美了，吃了它，它的智慧、它的力量、它的勇气就会转移到自己身上来。但吃图腾兽与吃别的东西不同，要举行隆重的仪式，请求祖先不要怪罪自己。如鄂温克人猎得熊，只能说它睡着了，吃肉前要一起发出乌鸦般的叫声，说明是乌鸦吃了肉，不能怪罪鄂温克人。且不能吃心脑肺食管等部位，因为这些都是灵魂的居所。吃后，对遗骸要进行风葬，用树条捆好，然后放在木架上，与葬人基本相同。以图腾作为食物来祭祖，是以图腾兽为沟通人与祖先神灵的一种媒介。原始人相信，自己的灵魂与图腾的灵魂是平等的，只是躯壳不同，死，只是灵魂脱离身躯换了一个家，而在阴间的家里，自己族类与图腾族类的灵魂居住在同一个地方。杀图腾，是以图腾的灵魂为信使，捎信给祖先灵魂，让其在冥冥中保佑自己。让图腾灵魂转达自己的愿望。如印第安乌龟族人杀龟祭祖。壮族的"蚂拐节"即青蛙节，壮族以青蛙为图腾。

所谓图腾文化，就是由图腾观念衍生的种种文化现象，也就是原始时代的人们把图腾当做亲属、祖先或保护神之后，为了表示自己对图腾的崇敬而创造的各种文化现象，这些文化现象英语统称之为"totemism"。

图腾文化是人类历史上最古老、最奇特的文化现象之一，图腾文化的核心是图腾观念，图腾观念激发了原始人的想象力和创造力，逐步滋生了图腾名称、图腾标志、图腾禁忌、图腾外婚、图腾仪式、图腾生育信仰、图腾化身信仰、图腾圣物、图腾圣地、图腾神话、图腾艺术等，从而形成了独具一格、绚丽多彩的图腾文化。

据研究，图腾标志与中国文字的起源有关。

人类将图腾文化发展出许多的内涵：

（1）认为本氏族或者部落，族群来自于该图腾，图腾是祖先性质的对象，因此是信仰的对象，是宗教起源之一。

（2）图腾作为一种识别，与婚姻制度有关，即外婚制度密切关联，同图腾不婚，同姓不婚。

（3）图腾是氏族或部落的徽号和标志。

（4）图腾形成禁忌，成员具有保护图腾的责任。

3.1.2 人类需要信念的支撑

1. 信仰需要与时俱进

2007 年柏林影展获奖影片，土耳其电影《一个人对神的恐惧》是一部宗教题材的电影作品，但这部电影的故事切入点与大部分宗教作品不同，主要用意不在呈现宗教信仰的光明面或伟大力量，而是对比信仰与权力、道德与现实之间的矛盾。

电影故事中讲道，虔诚的伊斯兰教徒穆罕兰姆，由于对宗教表现忠诚，得到教区教长的信赖，让他主管清真寺出租房子的物业。在收租时遇到租户在白天喝酒这等违反教规、不义邪恶的事情，穆罕兰姆认为不应该继续将物业租给这样的人。而遇到特别困难的租户，穆罕兰姆觉得应该免除他们的租金。教长表示如果因为租户白天喝酒就将他们赶走，那物业将空置、收入将减少。而如果免除穷人租金，那其他租户会抗议，更何况，租金一旦减少，可能就有孩子因此不能受到教育，因此不能开这个先例。凡此种种，都让穆罕兰姆混淆和困惑，毕竟事实证明教长说的是对的，喝醉的租户被赶走后，物业空置很长时间都租不出去，而在学校学习的孩子们都很认真投入，让其中任何一个不能再来学习都是很残忍的事情。

"温饱思淫欲。"随着收入的提升，他的生活质量越来越好。他夜里经常梦到与美女亲热的片段。每次做这种梦的时候，他都会在醒来后立即到浴室洗澡净身，并向真主忏悔自己的罪行。只是生理的需求越是压抑，反弹越是厉害，连带地还会影响到日间的精神状态。于是穆罕兰姆的精神越显萎靡、情绪也日益暴躁，之前为贫穷租户隐瞒延迟交租的谎言，以及后来开发商巴结贿赂的事情，便像附骨之蛆般地一直在他脑海中萦绕，连长时间在寺中祈祷都不能缓解他的痛苦和混乱。最不幸的是，教长此刻正在闭关当中，要四十天之后才能为他开导解脱。邪恶的梦境加上日间的各种罪恶，完全超出这个思想简单、信仰虔诚的人的承受能力，在得不到开脱的情况下，穆罕兰姆的意志力逐渐被瓦解，开始出现各种幻觉。而当自己梦中梦见的美女从自己身前走过时，穆罕兰姆终于崩溃，彻底精神失常。

在获得提拔之前，穆罕兰姆过着一种简单的生活，他与现实之间只有最单纯、最少量的接触，因此能够贯彻自己的信仰与理念。然而一旦权力在手，他便必须面对现实里种种冲突与矛盾，他一方面试图以更高的道德标准来要求自己，一方面又不得不在现实中对罪恶低头，就是这种无法理顺的痛苦状态，让他走向发疯的结局。

大部分的宗教作品都着力于阐述人们应该如何克服现实里的罪恶，在宗教里寻找心灵的救赎，但《一个人对神的恐惧》却从另一个方向来探讨问题。当信仰与现实发生冲突时，如果我们遵从一般的思维、向宗教寻求答案，要求自己更加虔诚、更加遵从经文的指示，这样不仅找不到解答，而且越是往信仰里走，宗教与现实的冲突就更加剧烈，其结果便是精神分裂。

宗教教导人们从善，本意毋庸置疑是好的，只是就像波兰导演基耶洛夫斯基执导的《十诫》所指出的，宗教经文里头的规范，本身过于简化，在现实里头处处遭遇矛盾。而《一个人对神的恐惧》更指出来，随着一个人所处地位的提高、所握权力的增大，这样的矛盾就更加严重，在满足一项道德时，有时不得不牺牲另一项道德，也就是说，根据现实适当地调整信仰是必要的。

信仰一直存在，信仰也要与时俱进！

2. 信命，想预测未来的心理学因素

人类追求的永恒与自由都不存在于现实中，而是存在于人的意识

与思维之中。人用以与死亡、与困难相抗衡的就是信仰，在信仰中完成了生命的坚固与不可征服。人除了靠理性还依靠情感与精神生存，而后者的力量在许多时候是惊人的。

人的信仰的产生与存在，更多的来源于心理层面。来源于一种"本能思维"，我们表面上看是在遵循我们的信仰，实际上许多人是走入了心理学中所描述的"思维陷阱"，让自己失去了冷静和客观的思维，而去相信"神""预言"之类的信仰文化。

误导人的信仰的心理学因素，称之为"基本归因偏误"。主要表现为"刻板印象""证实偏见""部落主义"三个方面。

（1）刻板印象是认知的第一个思维陷阱。

什么是刻板印象呢？它用来形容人们对某一个社会群体形成的过于简单、僵化的印象。这其实就是我们的脸谱化思维。

刻板印象到处都存在。提到男生和女生，我们普遍认为男生理性，女生感性；男生数理化好，女生擅长文科。提到东北人，我们会想到豪爽，能喝酒。提到江浙人，我们会想到精明，会做生意。提到会计，我们会想到谨慎、认真。提到警察，我们会想到严肃、凶巴巴。

更糟糕的是，心理学家发现，人们还有个毛病：当人们自己做得不好，或受到批评的时候，他们更容易迁怒他人，这时候，刻板印象就会更加鲜明。心理学家让一群参加实验的人去见两个黑人医生，去做体检。一位黑人医生对他们态度很好，告诉他们，你们的身体状况非常好。另一位黑人医生很严厉，告诉他们，你们的身体状况恶化了，要注意。当问起对这两个黑人医生的印象时，那些得到表扬的人都说，这个医生水平真高，而那些受到批评的人则说，这个黑人太无理了。这就是人性的弱点，为了抬高自己，就要贬低别人。

尽管有些人对别人的偏见多一点，有些人则少一些，但是，刻板印象往往是在我们没有意识到的情况下被自动激活的。

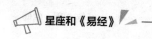

如果你有充分的时间，头脑非常清醒，你可能会意识到，自己产生了刻板印象，于是，你会用理智纠正自己的错误想法，但如果你很疲劳，心神不宁，或是处于情绪激动、沮丧的状态，那你对刻板印象的抵抗力就会下降很多。

刻板印象是我们每个人与生俱来的，它是由人类祖先进化而来的，人们为了节省时间认知资源，不是一个一个地认识，而是成批成批地认识（事物和人），从而形成"物以类聚，人以群分"的认知。我们从这种快速认知中获得了好处，但同时也受制于它的局限。所以，刻板印象并不可怕，可怕的是有人拒不承认自己有刻板印象。

当了解了刻板印象的局限在哪里，我们再遇到一些重大决策的时候，就可以通过省察，主动排除它的干扰，有意识地用理智和自制力来抑制这些缺陷。

一般情况下，刻板印象让我们在预测上可能有些许误差，这也倒无伤大雅，但令人担心的是，它可能会成为自我实现的预言。

由于一些"确认偏误"，就是那些先入为主的观点，人们往往主动为自己的观点正确找证据，而对那些与自己观点不符的事实完全忽略，甚至会出现生搬硬套和牵强附会的怪状。

心理学家做过这样一个实验：同样一批亚裔的女生，要做同样难度的数学卷子。出于对女生学不好数学的先入为主的观念或者说刻板印象，如果你暗示她们，你们是女生，她们的考试成绩就会下降；但出于对亚裔学生数学学得好的普遍观念，如果你暗示她们，你们是亚裔，她们的考试成绩就会提升。

（2）第二个思维陷阱："证实偏见"。

它主要指我们很少具体情况具体分析，做到实事求是，而往往是根据过往的经验形成的先入为主的观点，来推导事实。因此，同样的一件事，会有不同的解读。

还记得莎士比亚的名言吧："一千个观众眼中有一千个哈姆雷特"。

证实偏见告诫我们要接纳不同的观点，看待问题要从多角度看，多听听不同意见，发现自己的思维盲区。

（3）第三个思维陷阱："部落主义"

人为什么喜欢"站队"？这也是由进化而来的本能思维。想想古老的人类在茫茫大自然中，如果特立独行的话，很难生存下来。为了活命，为了基因的延续，他们必须得抱团才能让生命得以延续。

因为这种本能需要，不管我们身处什么样的环境，为了不被孤立，很快就能形成小团体。因此，就会出现区别对待，从而就有了"我们"与"他们"之分，对内团结，对外排斥。

看看网络上那些不同阵营的掐架，就是由于这种强烈的对外排斥情绪。再看看不同球队的粉丝们，有时还会大打出手，视对方为敌人。部落主义本是可以激发出成员的更好表现，但若同时滋生了这种"非我族类，其心必异"的对外情绪，那结果就完全不同了。

其实，不论是群体间的竞争还是个人对个人的防范和竞争都源于一种"匮乏心态"，即资源有限。人们倾向于把生活看成是一场非赢即输的游戏，谁拥有的资源多谁就赢，否则就输。

这种心态会让一个人觉得别人是竞争对手，处处打压对方，不与对方合作，死守着自己的一点资源。但是，若能反过来想，当你主动分享出你拥有的资源，也能换来别人的资源，你分享给越多的人，也能获得越多的资源。用当下流行语讲，这叫整合资源。

部落主义的另一个弊端是引发"从众"心理，为了获得群体认同，人们往往会盲目跟随，让自己活得特别拧巴，还有苦说不出。

总之，刻板印象、证实偏见和部落主义是我们的本能思维，当遇到问题时，我们首先开启这些思维模式，这些思维不管是出于认知的需要还是合作的需要，都确实给我们带来了一些便利，但是也带来了

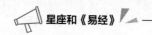

很多不便和麻烦。而且，促使我们把这些本能误解为信仰。

由它们来解释"星座文化"和"算命预测"的心理基础，应该是比较合理的。

3.2　信仰的存在

3.2.1　人类信仰的进程

信仰与人类一同产生。

在人类产生最初的时代，世界荒蛮凄凉，人类最强烈的理念就是生存。因此，生存信仰是人类最初树立的信仰。而在这个时期人类对自然界的了解仅限于观察层面，面对自然界的电闪雷鸣、风生水起、花开花谢、季节更替，对自然界的认识处于原始的直观认识阶段的人类无法提出一系列科学论证以给自身一个解释，但人又总是不甘无知的荒蛮，于是只能对世界做出幻想的解释，将主体与客体视为一体化。这样，另一类的解释开始在人类脑海中始现雏形并日益丰满，这就是人类文明史上绚烂生动的、天人交流的神话（故事）。它们给予了人类慰藉与寄托。与此同时，另一些崇拜也开始产生，如图腾崇拜，生殖器崇拜等，这与原始的自然物崇拜密切相关。它们给人们提供了崇敬与希冀的生活情感方向。

由此可知，信仰的本质是人的非理性成分。虽然现代社会的文明使人们越来越崇尚理性，但即使是理性信仰本身也难免带有非理性成分。信仰是人对某物或某种主张的极度相信和尊敬，是对可能性持肯定态度的信念。所以，人类生存的总思路就是：自然—社会—自然，天道—人道—天道；用典型人物表示即：泰勒士—苏格拉底—亚里斯多德。

而如何将主体的理性转化为主体的行动，信仰于是在此成为中介且与理性相渗透，只有将理性内化为主体的信仰才会有有效的行动，理性信仰终于产生。其根植于人自己的体验，根植于人对自己的思考力、观察力及判断力的信仰的信赖，其本质表明着人们的一种态度、一种价值持有。

中世纪是一个宗教信仰的时代，那个时代的非理性信仰就如同"催眠"，那是一场全民的催眠，人民臣服与宗教的权威，他们的思想感觉都由宗教指挥，甚至当他们从催眠中苏醒过来后，他们依然遵从催眠者的示意，虽然他们以为此时是自己在判断。或者如神学家所说："因为我决不是理解了才能信仰，而是信仰了才能理解。"于是乎，我们看到了宗教信仰带来的漫长而残酷的黑暗，但若将此完全归结为对盲目力量在思想上的软弱抗议与行为上的屈服乞求，完全归结为颠倒和虚妄的人类认识，认为宗教仅有负面价值则是错误的。追溯宗教的开端可发现其源泉是人类对死亡的拒绝与恐惧，因此在此基础上人类用宗教来作为一种信仰的永恒，去对抗世俗的死亡与消失。所以，宗教的存在有其必然的合理性，它直接而深刻地反映了人类对宇宙及自身的探索和把握。宗教所反映的人类追求，乃是人类智慧的最高追求——神与人、灵与肉、生与死、此岸与彼岸、天国与人间、今生与来世、善与恶、美与丑以及形上的、道德的、审美的、价值的……宗教所探索寻求的，都是宇宙和人生的根本问题、终极关怀。

宗教把一切可证实与证伪的问题给予哲学与科学，而将既无法证实亦无法证伪的问题留给了神，神是一切无法回答的问题的答案，是对终极关怀的关怀。在这一点上，宗教所起的作用，与人的信仰、人的本能是一样的。

　　但神的本质是：人造就了神，失落了自我。马克思说："宗教是那些还没获得自己或是再度丧失自己的人的自我意识和自我感觉。"在宗教面前，信仰的基本问题——个体与群体、人与自然、现在与未来的关系，统统被转化为神与人的关系。

　　由此我们可以看到，在非理性信仰时代，理智虽未完全消失却是屈服奴役于非理性，如当时的哲学之于神学。但若将这种信仰从情感压抑的中世纪泥潭脱离出来，置于整个历史中，我们可以发现它为人类的情感提供了对象与归宿。

　　理性信仰，不是把理性作为信仰的对象，而是一种态度、一种价值的持有。而理性是那样的冰冷。"纯理性"会带给我们一个混乱的阶段（状态），在这个阶段中人大都无所谓信仰，原来的绝对理念不存在了，理想与现实的关系被颠倒；为了现在，牺牲未来；只求实惠，不要理想；人类与个体的关系走向极端，或是个体对人类的否定，或是人类对个体的否定；人或堕落于伪善与虚无，或绝对服从现实的利害关系……一切都是暂时的、偶然的、变动不居的，自己的命运无法主宰，前途无望，及时行乐的心理开始产生，人们在对传统文化批判、揭露、叛逆的同时，对现代社会的发展又存在迷茫、悲观和盲目。

　　从整个人类的发展前景看，人类是永远不会绝望的，对未来的憧憬和追求是人类的本质，是人之所以为人的根本所在。

　　信仰革命的本质，乃是今人对前人的信仰行为及其创造物的抛弃和超越。因此，信仰革命的目的，应当在于未来而不是过去。

　　在认识到信仰的本质是人的一种非理性成分，它融入了对人的本质和存在状态的规定中，而理智是高尚却不是万能的，我们就了解了非理性的信仰在理智的极限处发挥着自己的功能，它把握着理智把握不了的东西。

　　必须将对一切真理的信仰具体成为某种可坚定的信念，这种信念与理想相结合就成为信仰。

一种正确或是适应社会发展方向的信仰，都是有大众参与的，否则它的力量绝对不至于强大到影响甚至内化为人的生活方式。由此可知，信仰控制实则应归属于一种深层的社会文化控制形式。那么，重建信仰实际上要做的是重建一种社会文化体系。换言之，我们应该完成的是社会体系的改革，使其朝着一个自由、和平、公正、超越的方向发展。

"无信仰性"的后现代主义思潮是一个过渡阶段，相信人类有足够的潜能，在适当的条件下，能够建立起一个自由、和平的社会，这不是乌托邦也不是桃花源，而是一个作为真正意义上的人所应享有的社会环境。

3.2.2 中国人有信仰

克己复礼的人生态度、天人合一的宇宙观、天下为公的政治理想、和而不同的共同生活原则和思想原则、义利之辨的道德理念、己立立人与己达达人的处世情怀、四海一家与天下太平的世界愿景等。这些无一不是深深刻在国人的骨子里的。这些就是中国人的信仰。

中国人的信仰最初的诞生也源于个体生命对于自然、天地以及世界的认知，它的形成往往与文化背景、生活习惯、地理环境密不可分。在中国人眼里，一直有一个至高无上的神——"天"。中国人对天有一种特殊的感情，甚至有一种皈依感。但这种感情最早不是信仰，而是崇拜。中国人感到天的浩渺，无限苍茫，不可测量，有一种不可捉摸的神秘感和敬畏感。但对天的态度，中国人也有两重性，有时候信任，有时候不信任。中国民间有两句话，一是"苍天有眼"；可委屈老得不到解决，也会抱怨"老天瞎了眼"。

中国古代的人就已经信神。早在夏、商、周三代以前，"天"的观

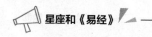

念已深深地进到了人民的生活中，就像世界上的其他民族一样，有神的观念是人们生来就有的，不是人们编造出来的。人对神的称呼，也许有不同，人对神的敬礼，也许有差别，但是在天地间有一位最大的神，有一位最高主宰的概念，却是世世代代都没有改变，中国人和外国人都是一样的。我们中国人心目中的"天"有两种意义：一种是指物质意义的天；一种是指管理和支配这个物质的天的神明。因为"天"字的写法是"一"加上"大"字，就是指一位最大的神的意思。

从《周易》那里开始形成一种中国的说理方式：先是"以人观天"。当然不是一般人，而是大人，是君子，是"道德人"。是用他们的言行、业绩去证明天。然后又用天来立人，用天的道理、天的意志、天的判断立人，解决人世生活、人世发展的问题。从圣人、大人那里知道天的伟大，再用天的道理来说明人世的吉凶，确立了"顺天应人"的核心价值理念，这个核心理念实际上构建了一种世界观、人生观和价值观一体化的理论体系和思想方法。

人不能离开信仰，否则将找不到心灵的归宿，失去人生的意义和价值。信仰是人们对宇宙真理的极度信服和尊重，并以之作为行动的准则，在任何时候、任何环境中能够始终保持的坚定信念。中国文化强调"悟"的过程，人在社会中，如果被物质利益所迷惑，失去了信念层面上的"悟"的内容，就会陷入迷惘状态，只相信现实的享受，不相信未来，没有个体自我意识觉醒，没有敬畏的对象和价值标准，没有心灵的约束，便会为所欲为，最终失去道德的底线，所以传统文化中讲要"悟道做人"。

3.2.3　信仰是一种认知

信仰是对世界、对自身、对幸福及对金钱等的一套综合认知模式。人活着就需要信仰，每个人都有自己的信仰。从现实的角度来看，信仰就是人的"三观"，是你怎么理解这个世界、看待自己的一种偏主观的认知模式。宗教是其中的一种。

我们觉得自己没有信仰，只是我们的信仰没有成规模、没有系统化。你完全可以自己建立一个信仰，然后给它取个名字。

小孩子没有具体的三观，他们经历少，显得幼稚。缺乏信仰，可以理解为缺乏对自我的认知、对世界的认识、对他人的理解，通俗来说就是不成熟。缺乏信仰的表现很明显，就是容易意气用事、不考虑后果，渴望外界的认同感，缺乏归属感等，就像小孩子一样。

真正的信仰必须经得起时间的磨砺、经得起世俗的考验。如果有东西说服不了你，那么你就需要寻找能说服自己的解释。信仰这东西，本来就是一个人不停寻找答案的过程。

科学只能使人的肉身舒适，不能叫人的心灵平安，人格高尚。英国物理学家丁达尔说："科学不是世上最有价值的东西，人格的高尚，比科学更有价值"。

真正的信仰是给人类以坚强的信心，确定的盼望，与纯洁而强大的执行力。除非人类对于这些贡献，都认为不需要了，那么信仰就没有价值了。如果信仰能提高人类的精神生活，使人类能正确地认识自我，那所谓非理性的信仰就是坚决要有的！真正的科学帮助人在直接方面认识世界的存在，相信天地万物的产生必有其合理的来源和规律；而真正的信仰则是帮助人在间接方面认识世界，与世界万物合理和善的相交。科学的本身也建筑在信仰上面，科学有助于信仰之坚定，故科学与信仰是没有矛盾的。

信仰能够带给我们正确的认知！

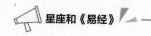

参考文献

[1] 高亨.周易大传今注 [M].济南：齐鲁文化经典文库出版社,2009.

[2] 竺可桢.天道与人文 [M].北京：北京出版社,2011.

[3] 田合禄.中医运气学解秘：医易宝典 [M].太原：山西科学技术出版社，2002.

[4] 黄石.星座神话 [M].北京：人民文学出版社,2011.

[5] [意]安东尼诺·齐基基.正确与谬误——漫步于天宫与现实世界之间 [M].潇耐园，译.上海：上海科学技术出版社，2006.

[6] 张涛.周易文化研究 [M].北京：社会科学文献出版社，2010.

[7] 钮卫星.天文与人文 [M].上海：上海交通大学出版社，2011.

[8] 姚建明.天文知识基础 [M].2 版.北京：清华大学出版社，2013.

[9] 姚建明.科学技术概论 [M].2 版.北京：中国邮电大学出版社，2015.

[10] 姚建明.地球灾难故事 [M].北京：清华大学出版社，2014.

[11] 姚建明.地球演变故事 [M].北京：清华大学出版社，2016.

[12] 百度文库等网页文章.